I Grandi Pensatori
95

Paul C. W. Davies

Le forze della natura

Il nuovo orizzonte della fisica

Traduzione di Daniel Canarutto

Bollati Boringhieri

Prima edizione ne «I Grandi Pensatori» settembre 2014

Titolo originale *The Forces of Nature*

Torino, corso Vittorio Emanuele II, 86
Gruppo editoriale Mauri Spagnol
ISBN 978-88-339-2583-7

www.bollatiboringhieri.it

Stampato in Italia da Press Grafica - Gravellona Toce (VB)

Indice

Prefazione

Scopo del presente volume è di spiegare i concetti che sono alla base dei recenti spettacolari progressi nella comprensione del microcosmo atomico. Si tratta di un mondo abitato da un'affascinante popolazione di particelle e forze. Anche se sotto molti punti di vista assomiglia a una versione rimpicciolita del nostro mondo di tutti i giorni, vi possono accadere fenomeni bizzarri che non corrispondono a nulla che si possa percepire con i sensi. Quando sondiamo l'interno dell'atomo, dobbiamo essere preparati a fronteggiare situazioni del tutto al di là della nostra immaginazione, anche se, si spera, non al di là della nostra comprensione.

Sono pochissimi i libri che tentano di spiegare gli aspetti concettuali della moderna fisica subatomica; l'argomento della meccanica quantistica, in particolare, è confinato quasi esclusivamente ai testi specializzati. Qui mi sono limitato a trattare gli aspetti essenziali della fisica delle particelle e delle loro interazioni senza affliggere il lettore con una matematica troppo 'dura' e formale. L'accento è sui concetti, piuttosto che su fatti e cifre.

Anche nell'esposizione ho cercato di evitare inutili pedanterie affinché il libro risultasse non un asettico elenco di dati, ma il racconto di un'avventura. La ricerca volta a scoprire di che cosa è fatto l'universo, e a svelare le forze racchiuse nel cuore della materia, deve essere considerata una delle imprese più significative mai tentate dall'uomo.

Ma nella fisica subatomica c'è qualcosa di più del desiderio di sapere come è organizzato il mondo microscopico. Essa è infatti il banco di prova per le due grandi teorie che hanno rivoluzionato la scienza del nostro secolo: la relatività e la teoria dei quanti. Entrambe sono essenziali per la fisica della materia elementare, e il successo di questa combinazione è stato tale da togliere il respiro.

Il livello di questa presentazione è all'incirca quello di una rivista come «Le Scienze», appetibile dunque (almeno si spera) per un'ampia gamma di lettori: specialisti di altre discipline 'in libera uscita', studenti che necessitano di una prima informazione su atomi, nuclei e particelle elementari, profani desiderosi di estendere le loro conoscenze scientifiche al di là del trafiletto occasionale sul quotidiano.

Anche se abbondano le lettere dell'alfabeto greco, usate come nomi di particelle, c'è pochissima vera matematica in questo libro, e mai al di là della normale algebra della scuola secondaria. Si sono sempre usate le unità di misura internazionali, tranne che per le distanze subatomiche o le masse di particelle, rispettivamente date in fermi (10^{-15} m), abbreviato in fm, e nell'unità MeV/c^2 (milioni di elettronvolt/velocità della luce al quadrato), abbreviato in MeV.

La pubblicazione della prima edizione del volume ha coinciso con un periodo di rapido progresso nello studio delle forze fondamentali: sono state scoperte una quantità di nuove particelle subatomiche, le più importanti delle quali sono le cosiddette W e Z, osservate al CERN nel 1983, e anche la teoria ha compiuto un notevole passo avanti. In particolare, gli sviluppi delle teorie unitarie (GUT) e l'accettazione generale della teoria di Glashow, Salam e Weinberg sulla forza elettrodebole suggeriscono l'attraente possibilità che tutte le forze della natura abbiano origine comune in un'unica, misteriosa 'superforza'.

In questa nuova edizione il testo originario è stato notevolmente rimaneggiato per tener conto di questi importanti sviluppi. Viene prestata maggiore attenzione alla teoria dei quark e delle loro interazioni, e non manca un breve paragrafo sulla cosmologia. Uno degli aspetti più interessanti dell'evoluzione in atto nel campo della fisica delle particelle è la sua applicazione sempre più mirata ai primi stadi del big bang. La fisica dell'infinitamente grande e quella dell'infinitamente piccolo stanno avvicinandosi in modo affascinante.

Sono molto grato a Stephen Huggins per i numerosi e utili commenti e suggerimenti.

P. C. W. DAVIES

Le forze della natura

Capitolo 1

Forze e campi

Nella vita di tutti i giorni possiamo vedere l'azione di forze intorno a noi: la forza di gravità guida i pianeti nel loro moto e solleva le maree; le forze elettriche si manifestano durante i temporali; le forze meccaniche fanno funzionare le macchine e i nostri stessi corpi. Dovunque ci volgiamo, la materia è sottoposta a forze di qualche genere, dovute a una quantità di cause diverse.

Lo studio di queste forze della natura è compito del fisico, il quale vuole capire come esse vengono generate, quali effetti hanno e se vi sia una qualche relazione tra differenti tipi di forze. Oggi è di moda supporre che tutte le forze abbiano origine comune in una singola 'superforza', che sarebbe rivelabile solo in esperimenti condotti ad altissimi livelli di energia.

Un progresso autentico in questa direzione può essere compiuto solo nell'ambito della meccanica quantistica. In questo primo capitolo avremo a che fare solo con le idee classiche di forza, così come si applicano al mondo macroscopico. Nei capitoli seguenti questi concetti elementari verranno estesi al microcosmo quantistico.

1.1 *Azione e movimento*

> In natura le cose si muovono con foga verso il proprio luogo e con calma nel proprio luogo.
>
> FRANCIS BACON

Perché avvengono i processi naturali? La ricerca sui fondamenti della scienza si è posta per secoli questa domanda, la più essenziale di tutte quelle che riguardano il mondo fisico. Una spiegazione degli eventi deve basarsi sulla corretta comprensione della condizione 'naturale' degli oggetti. Il mondo è popolato di oggetti – persone, pianeti, nuvole, atomi, fiori – e pieno di movimento. Gli eventi accadono quando oggetti in movimento interagiscono. Ma come fanno, gli oggetti, a 'sapere' l'uno dell'altro? Come rispondono alla presenza e all'attività degli altri oggetti?

Prima del secolo XVII si pensava che lo stato naturale di ogni oggetto sulla Terra fosse l'immobilità. L'esperienza quotidiana insegna che i corpi in moto, se non sono più spinti da qualcosa, ritornano ben presto allo stato di quiete. Spegnete il motore dell'auto, e questa comincerà a rallentare, per fermarsi dopo poche centinaia di metri. Una volta non ci si domandava, di un corpo, «perché resta in quiete?», ma piuttosto «perché si muove?» Ogni moto, affermava Aristotele nel secolo IV a.C., ha bisogno di una causa, cioè di un agente che lo produca: per esempio, il volo di una freccia è sostenuto da un vortice d'aria. Senza un tale agente, qualunque moto cessa naturalmente. Per Aristotele, ogni movimento implica un'azione.

Le idee del filosofo greco si rivelarono fallaci, e un'autentica comprensione del moto, delle azioni e dei loro effetti fu possibile solo nel secolo XVII grazie a Isaac Newton. Il punto fondamentale della concezione newtoniana è che lo stato di riposo è solamente uno dei tanti possibili stati 'naturali' di un oggetto. Infatti un corpo non soggetto a forze esterne può anche muoversi di moto uniforme. In altri termini, continuerà a muoversi lungo una traiettoria rettilinea con velocità costante, a meno che qualcosa non intervenga a cambiare questa situazione.

L'idea che il concetto di moto uniforme sia autoevidente è legata strettamente all'idea che un tale moto abbia significato solo relativamente a chi lo osserva. Torneremo sul concetto di relatività del moto più avanti (§ 1.5); per ora ci limitiamo a osservare che la tazzina di caffè, che è lì immobile sul vassoio davanti al passeggero di un aereo, sfreccia a una velocità di centinaia di chilometri orari sulla testa degli abitanti di una città sottostante.

Se il moto uniforme, con velocità che non diminuisce, è nell'ordine naturale delle cose, perché le automobili hanno bisogno di un motore? Secondo le leggi del moto di Newton, il moto di un veicolo che corre liberamente non ha bisogno di spiegazioni. Piuttosto, bisogna spiegare perché rallenta. La risposta è facile: l'attrito e la resistenza dell'aria consumano l'energia del veicolo. Nello spazio, dove non c'è resistenza dell'aria, gli oggetti continuano a muoversi senza alcuna spinta. Se così non fosse la Terra, che non ha un motore, rallenterebbe nel percorrere la sua orbita fino a cadere sul Sole.

Se il moto uniforme, in quanto 'naturale', non necessita di spiegazioni, le variazioni del moto richiedono l'azione di un agente esterno e così si potrebbe dire che ogniqualvolta un corpo si muove di moto non uniforme si è in presenza di moto 'forzato'. A produrre moto forzato sono le forze. È l'azione delle forze a rendere così complesso il nostro universo, e a far sì che parti diverse di esso avvertano l'una l'esistenza dell'altra. Senza forze, niente potrebbe agire o influenzare alcunché, e tutta la materia dell'universo si disintegrerebbe nei suoi costituenti elementari: ogni particella si muoverebbe per suo conto, indipendentemente dalle altre.

Una forza che agisce su un corpo materiale dà luogo a un'accelerazione. Questo fatto è descritto dalla seconda legge della dinamica, il cui ben noto enunciato dice che l'accelerazione (a) prodotta ha la stessa direzione della forza (F) ed è proporzionale alla sua intensità. Una data forza accelererà un corpo pesante meno di un corpo leggero, e di ciò si tiene conto introducendo il concetto di «inerzia». L'inerzia di un corpo è una misura della sua resistenza a cambiare moto; grosso modo, si può dire che i corpi di massa più grande hanno un'inerzia maggiore (è più facile spingere una bicicletta che un'auto). Indicando la massa con m, l'enunciato della seconda legge diventa

$$F = ma \qquad [1.1]$$

ovvero, a parole, forza = massa × accelerazione.

Per determinare come un corpo reagisce ad una data forza F, che può variare da punto a punto sia in intensità che in direzione, bisogna risolvere l'equazione [1.1] rispetto alla posizione del corpo. La soluzione è possibile perché l'accelerazione a dà la variazione nell'unità di tempo della velocità del corpo, e la velocità descrive, a sua volta, come varia nell'unità di tempo la sua posizione rispetto a un punto fissato. Risolvere l'equazione [1.1] significa dunque determinare come la posizione del corpo cambia da istante a istante, e quindi la «traiettoria» od «orbita» da esso percorsa.

Tutte le forze hanno un'intensità e una direzione. Le grandezze alle quali è assegnata una direzione sono dette «vettori»; in questo libro ne incontreremo vari esempi. I vettori possono essere utilmente indicati mediante frecce. Possono essere sommati, ma le regole della somma sono più complicate di quelle valide per i numeri. Per esempio, se sommiamo due vettori di uguale intensità ma di direzione opposta, il risultato è che si elidono l'uno con l'altro (fig. 1.1). D'altra parte, se hanno la stessa direzione, otteniamo un vettore che ha ancora la stessa direzione ma intensità doppia. Casi intermedi producono vettori con direzioni e intensità intermedie.

(*a*)

(*b*)

Figura 1.1
Vettori. Quantità che, come la forza e l'accelerazione, hanno una direzione e un'intensità, sono chiamate vettori. Quando si sommano dei vettori bisogna tener conto sia della loro intensità che della loro direzione: nell'esempio (*a*) le forze sono opposte e si elidono a vicenda, per quanto grandi possano essere le intensità di ciascuna; in (*b*) due forze dirette obliquamente si combinano in una forza risultante che ha direzione intermedia e intensità inferiore alla somma delle due intensità.

Altri esempi di vettori sono la velocità, la quantità di moto e l'accelerazione. Al contrario, la temperatura e l'energia hanno un valore numerico in ogni punto, ma non una direzione: non sono vettori. La seconda legge di Newton mette in relazione la forza con l'accelerazione, quindi è un'equazione vettoriale. Ci dice non solo quanto vale l'accelerazione prodotta da una data forza, ma anche qual è la sua direzione: il corpo è accelerato nella direzione della forza.

Quando una forza agisce su un corpo e questo accelera, la sua «quantità di moto» varia. La quantità di moto è un dato familiare della vita quotidiana: i corpi pesanti che si muovono a gran velocità ne hanno molta, quelli leggeri che si muovono lentamente ne hanno poca. I fisici precisano il concetto definendo la quantità di moto come il prodotto della massa per la velocità: $q = mv$. Ora, l'accelerazione non è altro che la rapidità con cui la velocità cambia. Quindi, se la massa rimane costante, l'equazione [1.1] può essere scritta nella forma

$$\text{forza} = \text{rapidità di variazione della quantità di moto.} \qquad [1.2]$$

Poiché la velocità è un vettore, un corpo può accelerare variando il valore o la direzione della sua velocità, o ambedue. Un pallone calciato da fermo accelera cambiando solo il valore della velocità. Un proiettile che rimbalza su un bersaglio cambia direzione, e anche il valore della velocità può diminuire. Se un veicolo spaziale gira intorno alla Terra in un'orbita circolare, il valore della velocità non varia, tuttavia il veicolo accelera continuamente cambiando la direzione del proprio moto. In tutti questi esempi la quantità di moto del corpo varia, e per produrre questa variazione ci vuole una forza.

Se su un corpo non agiscono forze, la sua quantità di moto non varia: cioè si conserva. La quantità di moto può essere sommata come ogni altro vettore, e la quantità di moto totale di un sistema è la somma delle quantità di moto delle singole parti. Se un sistema non è soggetto a forze esterne, la sua quantità di moto totale non cambia, ma la distribuzione della quantità di moto tra le diverse parti del sistema può variare per effetto di eventuali forze interne. La legge di conservazione della quantità di moto ci dice che la somma vettoriale di tutte queste componenti non può aumentare né diminuire.

Un buon esempio è l'arma da fuoco. A riposo, essa ha quantità di moto nulla, quindi il sistema composto arma-proiettile deve avere quantità di moto nulla anche dopo lo sparo. Infatti, la forza che fa partire il proiet-

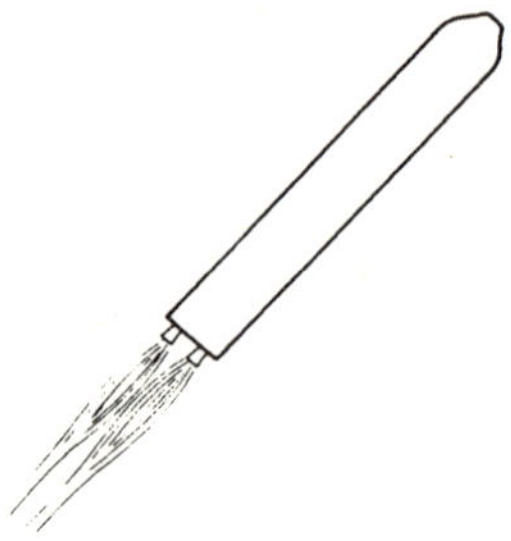

Figura 1.2
Il moto di un razzo si basa sul principio di conservazione della quantità di moto. L'espulsione dei gas combusti spinge il veicolo in avanti, di modo che la quantità di moto totale del sistema rimane invariata.

tile è puramente interna al sistema e dà luogo a una uguale forza di reazione sull'arma. Il risultato è il rinculo. La quantità di moto dell'arma che rincula è uguale a quella del proiettile, ma ha direzione opposta. Dal momento che la massa del proiettile è tanto più piccola di quella dell'arma, la velocità di rinculo è molto minore di quella del proiettile. Un altro esempio è quello illustrato nella figura 1.2.

Un concetto analogo è quello di «momento della quantità di moto», o «momento angolare», che ha a che fare con la rotazione dei corpi. Il momento angolare di un punto di massa m che gira con velocità v su una circonferenza di raggio r è dato da mvr. Le leggi di Newton implicano che, in assenza di forze esterne, anche il momento angolare si conserva. Un buon esempio è quello della pattinatrice che, avvicinando le braccia al corpo, concentra la sua massa più vicino all'asse di rotazione: il momento angolare totale si conserva grazie a un aumento della velocità di rotazione.

Il momento angolare è un vettore, e può essere rappresentato disegnando una freccia lungo l'asse di rotazione. Per la direzione della freccia vale una convenzione che può essere facilmente ricordata pensando al moto delle lancette dell'orologio: la freccia che descrive il momento angolare delle lancette punta verso il quadrante dell'orologio (fig. 1.3).

Tra i vettori associati al momento angolare e quelli associati alla quantità di moto c'è una differenza importante che riguarda le proprietà dei vettori stessi rispetto alle riflessioni. A chi guardi l'immagine della figura 1.3 riflessa in uno specchio, il senso di rotazione appare invertito (cioè

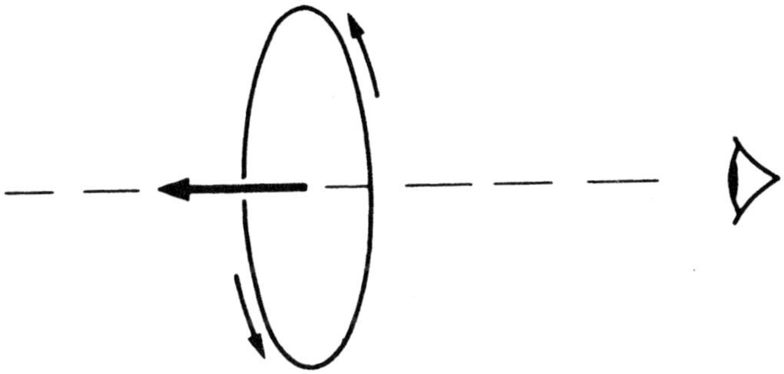

Figura 1.3
Il vettore associato a una rotazione è indicato con una freccia che punta nella direzione di avanzamento di una vite destrorsa.

antiorario) e la freccia risulta puntare dalla parte 'sbagliata' rispetto alla convenzione che abbiamo ricordato. Più precisamente, si tratta di vedere se un vettore cambia di segno, in un sistema di coordinate cartesiane (x, y, z), quando le coordinate vengono riflesse rispetto all'origine e mutate in $(-x, -y, -z)$.

I vettori che cambiano di segno per riflessioni sono detti «polari». Ne sono esempi la quantità di moto, l'accelerazione e il campo elettrico. I vettori che, come il momento angolare e il campo magnetico, non cambiano di segno per riflessioni sono detti «assiali». Nel capitolo 5 vedremo che la distinzione tra vettori assiali e polari è fondamentale per capire certe reazioni tra particelle.

Un'altra importantissima legge di conservazione riguarda l'energia. L'energia può assumere una varietà di forme: per esempio calore, luce, elettricità, energia cinetica, energia potenziale gravitazionale. Spesso l'energia viene convertita da una forma all'altra. Consideriamo, per esempio, una freccia che viene scoccata. Per tendere l'arco l'arciere deve spendere una certa energia, che viene momentaneamente immagazzinata nell'attrezzo come energia potenziale elastica. Quando la corda viene lasciata andare, questa energia viene di colpo convertita nel moto della freccia. Quando la freccia colpisce il bersaglio, il moto cessa, e l'energia si trasforma in calore, in suono e nel lavoro fatto per fendere il materiale del bersaglio. Fatta eccezione per certi rari processi gravitazionali (e lasciando per il momento da parte gli effetti quantistici), si è visto che l'energia si conserva in tutte le sue trasformazioni.

Per il momento non abbiamo detto nulla riguardo alla natura delle forze che agiscono sulla materia. Nella vita di ogni giorno sperimentiamo molti tipi di forze. Ecco alcuni esempi: trazione di una fune; colpo di fulmine; colpo di martello; sollevamento delle maree; gravità; esplosione di tritolo; attrito; magnetismo; resistenza dell'aria; pressione del vento; sforzo muscolare; pressione idraulica. Si noti che alcune di queste forze, come il colpo di martello, agiscono per contatto diretto, mentre altre, come la gravità, hanno effetto a distanza anche nello spazio vuoto. È poi davvero notevole il fatto che tutte derivino, come si può dimostrare, da due sole forze fondamentali: la gravità e la forza elettromagnetica.

1.2 *La gravitazione*

La forza di gravità ci è familiare perché ci tiene con i piedi per terra, anche se è di gran lunga la più debole delle forze. Il motivo per cui risulta così evidente è la vicinanza della grande massa della Terra. Ma il meccanismo della gravitazione agisce tra tutti i corpi: con un'apparecchiatura sensibile, anche l'attrazione tra due piccoli oggetti può essere misurata in laboratorio.

Newton fu il primo a formulare una teoria funzionante della gravitazione. Si rese conto che essa è una forza universale, che agisce a distanza sia tra le stelle e i pianeti che sulla superficie terrestre. La forza che due masse, idealizzate come puntiformi, esercitano l'una sull'altra, è data dalla famosa legge dell'inverso del quadrato della distanza

$$F = GM_1M_2/r^2 \qquad [1.3]$$

dove M_1 e M_2 sono le masse dei due corpi, r è la loro distanza e G una costante universale che vale $6{,}67 \times 10^{-11}$ N m^2/kg^2. La forza gravitazionale di Newton è sempre attrattiva.

Usando questa teoria della gravitazione e le leggi del moto da lui stesso formulate, Newton riuscì a spiegare le dimensioni e la forma delle orbite planetarie del sistema solare e a dimostrare che le maree sono dovute all'attrazione del Sole e della Luna. Oggi la teoria continua ad essere applicata con successo al moto dei pianeti, degli asteroidi e dei veicoli spaziali, con un altissimo grado di precisione.

Anche se la teoria della gravitazione di Newton è adatta per la maggior parte delle applicazioni tecnologiche e astronomiche, oggi sappiamo che non va bene quando le forze gravitazionali diventano molto intense o quando i corpi in esame si muovono con velocità prossime a quella della luce. Situazioni siffatte richiedono una teoria della gravitazione più completa: quella, appunto, della «relatività generale», proposta nel 1915 da Albert Einstein. Il punto chiave della teoria di Einstein è che la gravità non è affatto considerata una forza, bensì una curvatura o distorsione nella geometria dello spazio e del tempo. Quest'idea è difficile e astratta, ma, in parole povere, vuol dire che la Terra gira intorno al Sole in una traiettoria curvilinea non perché il Sole la allontani dal moto rettilineo, ma perché il Sole medesimo produce una deformazione dello spaziotempo intorno a sé; la Terra viaggia lungo la strada più diritta possibile in questa geometria deformata.

Nonostante sia completamente diversa da un punto di vista concettuale, la teoria di Einstein si riduce a quella di Newton nella maggior parte dei casi di interesse pratico. Le differenze più notevoli riguardano il collasso gravitazionale di stelle e altri oggetti. La teoria della relatività generale prevede che una stella implosa debba produrre forti distorsioni dello spazio e del tempo, dando luogo a oggetti chiamati «buchi neri». In un buco nero, perfino la luce è intrappolata in una prigione spaziotemporale.

Un'altra differenza cruciale tra le due teorie è che in relatività generale non sono solo i corpi materiali ad attrarsi. Anche l'energia, la pressione e le forze di contatto generano gravità. Inoltre, mentre nella teoria di Newton le forze gravitazionali agiscono istantaneamente attraverso lo spazio, quella di Einstein descrive l'azione gravitazionale come un «campo» (cfr. p. 21) le cui variazioni si propagano a velocità non superiore a quella della luce. Di conseguenza, si può prevedere l'esistenza di «onde gravitazionali», che dovrebbero comportarsi come piccole 'increspature' del campo gravitazionale. La rivelazione di queste onde è attualmente una delle sfide maggiori per i fisici sperimentali.

1.3 *Elettricità e magnetismo*

Le forze elettriche e magnetiche possono essere messe in evidenza facilmente, tanto che erano note fin dall'antichità. Gli esperimenti mostrano che i corpi carichi elettricamente possono attrarsi o respingersi. Dunque la carica elettrica può essere negativa o positiva: cariche dello stesso segno si respingono, mentre cariche di segno opposto si attraggono. L'intensità della forza diminuisce all'aumentare della distanza tra le cariche con legge identica alla legge della gravitazione di Newton, cioè è inversamente proporzionale al quadrato della distanza. Quindi la forza che si esercita tra due cariche puntiformi e_1 ed e_2 è data da

$$F = Ke_1e_2/r^2. \qquad [1.4]$$

La costante K, analoga alla costante gravitazionale G, ha un valore che dipende dall'unità di misura usata per la carica. Nel Sistema Internazionale di solito si scrive $K = 1/4\pi\epsilon_0$, dove ϵ_0 è la cosiddetta «permittività del vuoto», che vale $8{,}85 \times 10^{-12}$.

Una proprietà fondamentale dell'elettricità è quella espressa dalla «legge di conservazione della carica», che stabilisce che in un sistema isolato la quantità totale di carica positiva meno la quantità totale di carica negativa rimane costante: la carica non può essere creata né distrutta. Questo significa che quando si produce elettricità in un sistema elettricamente neutro la creazione di una carica positiva è sempre accompagnata dalla creazione di un'uguale quantità di carica negativa.

Tutti i tipi di materia contengono cariche elettriche, ma materiali differenti possono avere proprietà elettriche molto diverse. Alcune sostanze producono elettricità quando soltanto vengono strofinate. Già gli antichi Greci, ad esempio, avevano notato che l'ambra strofinata con una pelle attraeva piccoli oggetti (e la nostra parola «elettricità» deriva dal greco *électron*, che significa appunto ambra). Alcuni materiali, chiamati «conduttori», permettono all'elettricità di fluire liberamente attraverso essi; al contrario, gli «isolanti» bloccano il flusso delle cariche.

Per la maggior parte delle persone, il primo incontro con il magnetismo avviene grazie alla bussola, il cui ago è allineato in direzione nord-sud dal campo magnetico terrestre. Questo fenomeno ha dato luogo ai termini «polo nord» e «polo sud» per l'equivalente magnetico della carica elettrica. Come per l'elettricità, poli dello stesso nome si respingono e poli di nome diverso si attraggono con una forza che è inversamente proporzionale al quadrato della loro distanza.

Le forze elettriche e magnetiche furono studiate in modo approfondito all'inizio del secolo scorso; gli scienziati cercavano una spiegazione fisicamente plausibile di come sia possibile che una forza attraversi lo spazio vuoto tra due magneti o tra due cariche elettriche. L'essenza del problema è illustrata nella figura 1.4. Due sferette metalliche sospese l'una accanto all'altra penderanno verticalmente, senza sapere l'una dell'altra. Supponiamo ora di inserire tra le sferette una molla compressa e di lasciarla espandere. Il sistema assumerà una nuova configurazione in cui le sferette pendono obliquamente. La causa della perturbazione è visibile: la molla è in contatto con ciascuna sferetta, e stabilisce una comunicazione continua tra esse mediante le sue spire. La forza della molla allontana le sferette. Supponiamo ora di togliere la molla, e di dare alle sferette cariche elettriche dello stesso segno. L'effetto è il medesimo: le sferette si respingono, come si vede dal fatto che pendono formando un certo angolo con la verticale, solo che in questo caso non ci sono supporti visibili. Qual è allora il mezzo che comunica l'interazione elettrica?

Una risposta a questa domanda consiste nel supporre che ogni carica elettrica produca nelle sue vicinanze quello che si chiama «campo elettrico». Il campo, che si estende all'esterno della carica nello spazio che la circonda, è invisibile. La sua presenza viene dedotta dall'azione che ha su altre cariche elettriche con cui viene a contatto. In questo modo, l'azione a distanza tra cariche diventa azione per contatto tra una carica e il campo dell'altra.

Il concetto di campo fu introdotto da Michael Faraday e approfondito da James Clerk Maxwell. L'idea può essere estesa anche alle forze magnetiche (e gravitazionali). La carica elettrica, o il polo magnetico, funge da sorgente del campo. L'intensità del campo diminuisce all'aumentare della distanza dalla sorgente. Lontano dalla sorgente, dove il campo è debole, la forza che si esercita su un'altra carica elettrica, o su un polo magnetico, è corrispondentemente debole, in accordo con la legge dell'inverso del quadrato della distanza.

Spesso nei libri di testo i campi elettrici e magnetici vengono raffigurati mediante «linee di campo», o «linee di forza» come vengono anche chiamate. Alcuni esempi di linee di forza elettrica sono mostrati nella figura 1.5. Si noti che le linee possono iniziare o finire solo sulle cari-

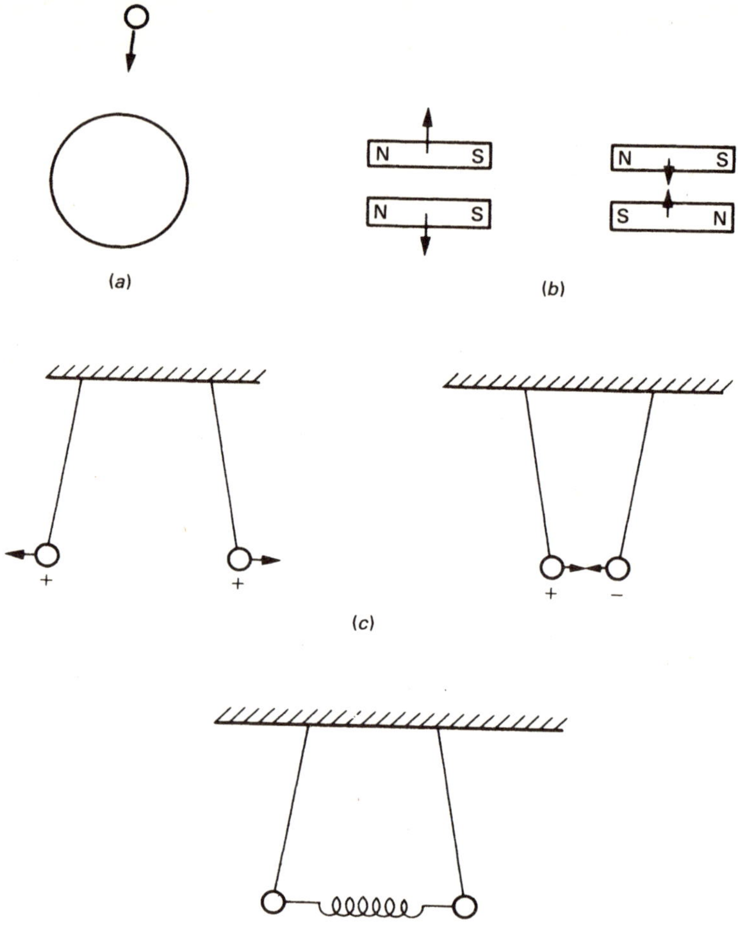

Figura 1.4
L'azione a distanza. (*a*) L'attrazione gravitazionale agisce attraverso lo spazio vuoto attirando ogni forma di materia con una forza che diminuisce con la distanza secondo una precisa legge (inverso del quadrato). (*b*) Le sostanze magnetiche si attraggono o si respingono anche se non sono in contatto fisico. I poli magnetici sono di due tipi, nord e sud; anche la forza che si esercita tra questi diminuisce con la distanza. (*c*) L'elettricità fornisce un terzo esempio di azione a distanza: cariche dello stesso segno fanno allontanare le due sferette appese, cariche opposte le fanno avvicinare, con forza che diminuisce ancora come l'inverso del quadrato della distanza. (*d*) Un effetto simile può essere ottenuto inserendo una molla tra le sferette, solo che qui la causa della repulsione è visibile.

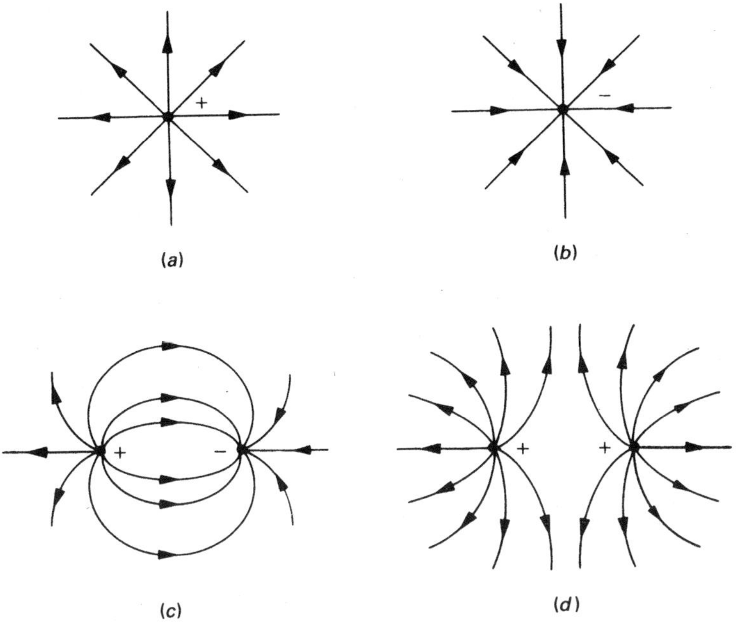

Figura 1.5
Raffigurazione di campi. Il campo elettrico che circonda cariche variamente disposte può essere rappresentato da un insieme di linee che mostrano, in ogni punto, la direzione della forza agente su una piccola particella di prova carica positivamente. Una carica singola isolata agisce come sorgente (*a*) o come punto di arrivo (*b*) di un campo simmetrico. Il campo generato da due cariche ha un aspetto più complicato, perché ciascuna carica deforma il campo dell'altra. In (*c*) le cariche di segno opposto si attraggono, e ciò si riflette nelle numerose linee di forza che le uniscono, come una rete di elastici in tensione. In (*d*) cariche dello stesso segno si respingono: le linee di forza si allontanano in direzioni opposte come elastici compressi dalle cariche.

che: il campo non può scomparire improvvisamente nello spazio vuoto. I campi qui descritti in realtà si estendono all'infinito, perché a rigore non c'è una distanza limite al di là della quale una particella di prova non sarebbe soggetta a forze. Per questo motivo i campi elettrici, al pari dei campi magnetici e gravitazionali, sono detti «a lungo raggio». Se così non fosse, e il campo si estendesse solo a distanza finita, la teoria conterrebbe una scala fondamentale per le lunghezze. L'assenza di

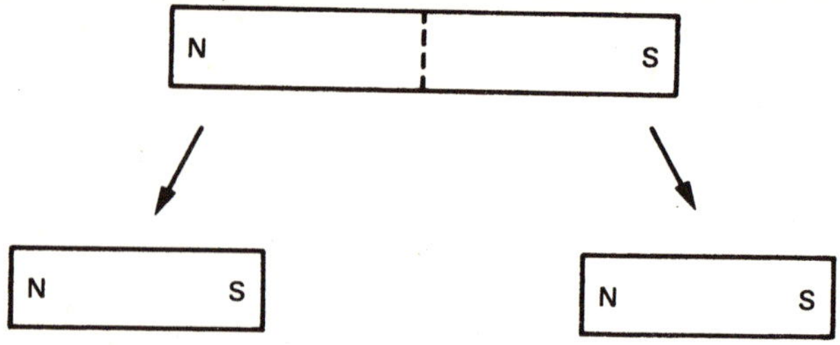

Figura 1.6
I poli magnetici non possono essere isolati. In laboratorio, tutti i magneti sono accoppiati (dipoli). Se si cerca di separare i poli N e S tagliando la sbarretta lungo la linea centrale tratteggiata, si ottengono due nuovi poli S e N, rispettivamente, sulle due facce del taglio.

una tale scala implica, per queste forze, l'esistenza di alcune importanti simmetrie, che risultano essere profondamente legate alla loro natura fisica, come vedremo a tempo debito.

I campi elettrici e magnetici sono campi di forza, e una forza è una quantità vettoriale, cioè ha un'intensità e una direzione. Campi di questo genere vengono quindi detti campi vettoriali. Consideriamo un esempio differente, come un campo di temperatura intorno ad un corpo caldo. In questo caso si può fare una mappa della distribuzione di temperatura usando dei termometri di prova. Ad ogni punto sarà associato un numero (la temperatura in quel punto) ma non una direzione: non ci saranno linee di forza nella mappa di un campo di questo genere.

A differenza delle cariche elettriche, sembra che i poli magnetici non possano essere isolati. In una sbarretta magnetica, per esempio, abbiamo un polo nord in corrispondenza di un'estremità e un polo sud in corrispondenza dell'altra. Se la spezziamo otterremo due sbarrette magnetiche più corte, ciascuna con i suoi due poli (fig. 1.6). La ragione di questo fatto sarà spiegata nel prossimo paragrafo.

1.4 *L'elettromagnetismo*

Se in un materiale conduttore è presente un campo elettrico, le cariche elettriche sono libere di muoversi sotto l'azione delle forze generate dal campo, e quindi si ha una corrente elettrica. Questa corrente produce a sua volta dei campi. In particolare, si osserva che una corrente elettrica dà luogo a un campo magnetico. La figura 1.7 rappresenta il campo magnetico generato da una corrente che scorre lungo un filo rettilineo. Nel caso di una spirale di filo (solenoide) il campo magnetico è simile a quello di una sbarra magnetica (fig. 1.8).

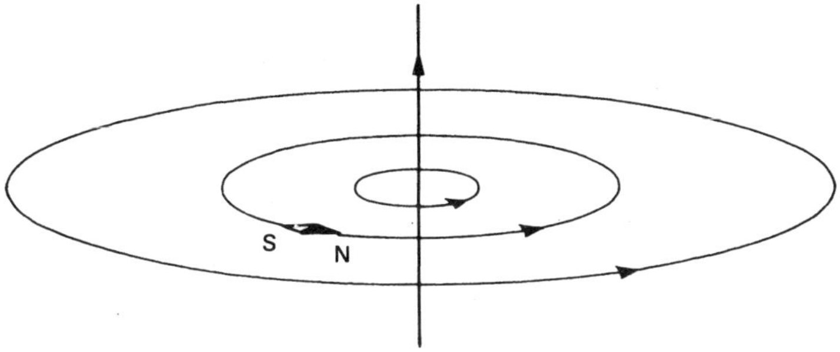

Figura 1.7
Campo magnetico generato da corrente elettrica: in ogni punto, il campo è perpendicolare al filo.

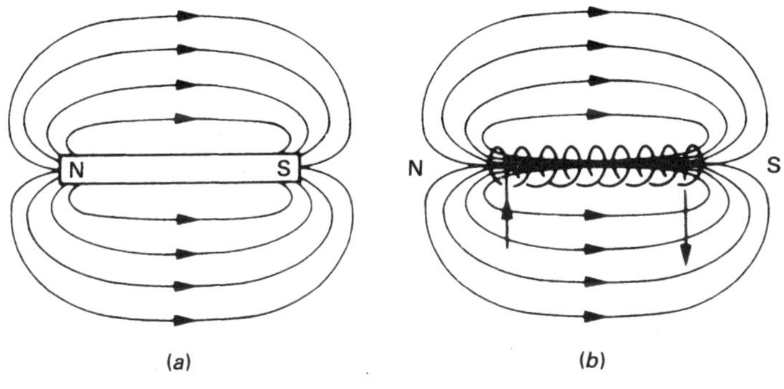

Figura 1.8
Le linee di campo rappresentano le forze che agiscono su un polo N magnetico di prova. In (*a*) il campo è prodotto da una sbarretta magnetizzata in modo permanente; in (*b*) è prodotto da una corrente elettrica che attraversa un solenoide. La configurazione delle linee di campo è praticamente la stessa nei due casi.

Le linee di forza magnetiche, così come quelle elettriche, non possono semplicemente terminare nello spazio vuoto, ma devono per forza finire su sorgenti (poli). Oppure possono formare curve chiuse, come negli esempi delle figure 1.7 e 1.8*b* (questo significa che esistono campi magnetici privi di sorgente).

Una corrente elettrica che passa in un solenoide crea un campo magnetico con un polo nord a una estremità e un polo sud all'altra. Chiaramente un solenoide ha due estremità; quindi a un campo magnetico di questo genere devono essere associati due poli, nord e sud. In effetti una corrente non può mai produrre, qualunque sia la forma del filo, un polo (nord o sud) isolato.

Il raffronto tra i campi magnetici della sbarretta e del solenoide, unitamente al fatto che è impossibile isolare il polo nord o sud della sbarretta, suggerisce l'ipotesi che il magnetismo di quest'ultima sia dovuto a correnti elettriche che circolano nel suo interno. Infatti è proprio così: i campi magnetici sono prodotti a livello atomico dagli elettroni che orbitano intorno al nucleo.

In tutti i magneti conosciuti il magnetismo è dovuto a correnti elettriche di qualche tipo. Non sono mai state trovate, in natura, autentiche sorgenti magnetiche (o «monopoli», come vengono chiamate). Tuttavia da un pezzo i fisici si sono posti sulle loro tracce e, come vedremo più avanti (cap. 6), proprio la ricerca dei monopoli potrebbe fornire una verifica decisiva per alcune recenti teorie unitarie delle forze.

Proprio come le correnti elettriche producono campi magnetici, così i campi magnetici possono produrre correnti elettriche. Se si muove un magnete intorno a una spira di filo metallico, si genera una corrente nella spira. Questo fenomeno, noto come induzione elettromagnetica, fu scoperto da Faraday (fig. 1.9).

Il fatto che le correnti elettriche producano campi magnetici e viceversa suggerisce che elettricità e magnetismo, lungi dall'essere forze distinte, siano due facce della stessa medaglia. Il primo passo verso una teoria unificata dell'elettromagnetismo fu compiuto all'inizio del secolo scorso. Il danese Hans Christian Oersted e tre fisici francesi, André Ampère, Jean-Baptiste Biot e Felix Savart, scoprirono importanti relazioni matematiche tra le correnti elettriche e i campi magnetici. Lavorando su quelle formule, Maxwell cercò di dedurre un sistema di equazioni che fornisse una descrizione onnicomprensiva dei fenomeni elettrici e magnetici.

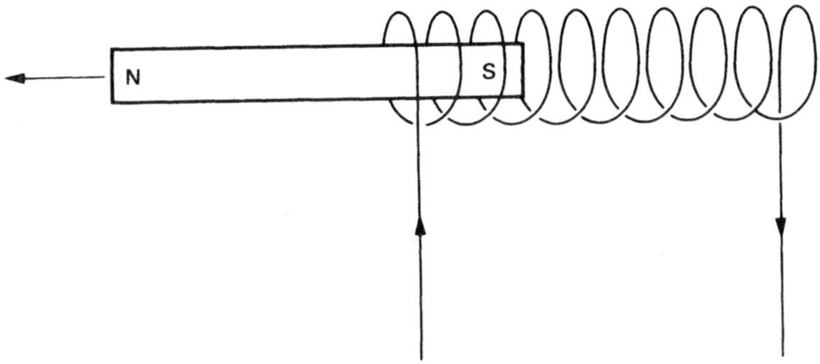

Figura 1.9
Induzione elettromagnetica. Se il magnete viene estratto di colpo dall'interno dell'avvolgimento, la variazione nel campo magnetico che attraversa le spire genera un campo elettrico che produce una corrente nel filo.

Si trattava, in pratica, di scrivere un sistema di equazioni che mettessero in relazione le intensità dei campi elettrico e magnetico con l'intensità e la disposizione delle loro sorgenti, cioè con le correnti elettriche e con i campi magnetici variabili. Un'equazione permette di calcolare il campo magnetico prodotto da una corrente elettrica, un'altra il campo elettrico prodotto da un campo magnetico variabile, un'altra ancora dà il campo elettrico prodotto da una carica elettrica e l'ultima descrive matematicamente il fatto che le linee di forza magnetica non hanno estremità. La forma di queste quattro equazioni si basava sugli esperimenti e sulle osservazioni già descritti, e in esse si mescolavano in modo evidente gli effetti elettrici e magnetici. Il grande contributo di Maxwell fu nell'osservare che c'era, in questo sistema di equazioni, una incongruenza matematica: una di esse doveva essere sbagliata. Tuttavia, egli vide che l'incongruenza poteva essere eliminata con l'aggiunta di un nuovo termine alla prima equazione. Fisicamente, questo termine corrispondeva alla possibilità che un campo magnetico sia generato, oltre che per mezzo di una corrente elettrica, anche in altro modo.

Il fenomeno fisico precedentemente trascurato era la produzione di un campo magnetico da parte di un campo elettrico variabile (analoga a quella di un campo elettrico ad opera di un campo magnetico variabile). Come esempio, consideriamo due lamine metalliche parallele, vicine tra loro, che rechino cariche di segno opposto. Nello spazio tra le lamine avremo un campo elettrico, e chiaramente questo risentirà di ogni variazione delle cariche. L'ago di una bussola posta tra le lamine ruoterà, rivelando la presenza di un campo magnetico generato dalla variazione del campo elettrico (fig. 1.10).

L'aggiunta di questo nuovo termine, che descrive come campi elettrici variabili generano campi magnetici, dà luogo a una gradevole simmetria tra i due campi: ciascuno ha il ruolo di sorgente per l'altro. Dato il loro stretto accoppiamento, è naturale riferirsi non a un campo elettrico e a un campo magnetico separati, ma a un solo campo elettromagnetico. Le equazioni di Maxwell descrivono l'interdipendenza dell'elettricità e del magnetismo, e mettono in relazione, in ogni punto e ad ogni istante, l'intensità del campo elettromagnetico con le sue sorgenti.

Tuttavia, il nuovo termine dà luogo a conseguenze più importanti dell'eleganza e della simmetria matematica della teoria. Se i campi elettrici producono campi magnetici e viceversa, nasce una nuova eccitante possibilità. I campi elettrico e magnetico possono alimentarsi a vicenda, agendo ciascuno come sorgente dell'altro, senza bisogno di cariche o correnti elettriche a sostenerli. Un campo elettrico varia e genera un campo magnetico; la crescita di quest'ultimo genera a sua volta un campo elettrico che genera dell'altro campo magnetico e così via. Il modo preciso in cui i campi variabili interagiscono è contenuto nelle equazioni di Maxwell.

Un tipo semplicissimo di campo continuamente variabile che risulta essere soluzione delle equazioni di Maxwell ha la forma di una vibrazione o moto ondulatorio. In effetti, le equazioni prevedono che un campo elettromagnetico possa propagarsi nello spazio vuoto come una perturbazione in forma di onda, a una velocità che dipende unicamente dalle proprietà elettriche e magnetiche del mezzo. Queste proprietà possono essere misurate in laboratorio e la velocità stimata di conseguenza: risulta essere di circa 300 000 km/s, che è proprio la velocità della luce. Maxwell ne concluse che la luce è un'onda elettromagnetica.

La lunghezza d'onda della luce può assumere valori diversi, il che spiega perché vediamo un mondo variopinto. La gamma di colori dell'arcobaleno è semplicemente uno spettro di lunghezze d'onda, più lunga quella del rosso e più corta quella del blu. Maxwell pensò che potessero esistere onde elettromagnetiche con lunghezze d'onda qualunque, anche molto più corte o più lunghe di quelle della luce visibile. Dopo di lui, il tedesco Heinrich Hertz riuscì a generare e a rive-

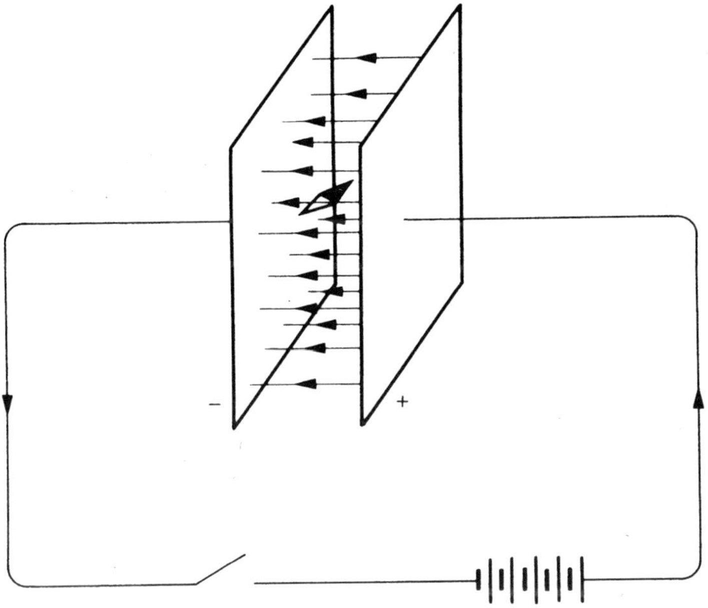

Figura 1.10
Quando si chiude l'interruttore, la batteria accumula carica elettrica sulle armature del condensatore, tra le quali si genera un campo elettrico (indicato dalle frecce). Anche se nessuna corrente attraversa lo spazio tra le armature, la variazione di campo elettrico funziona da sorgente di campo magnetico, e l'ago magnetico ruota. La strada verso le onde elettromagnetiche è ora aperta.

lare onde elettromagnetiche con lunghezze d'onda dell'ordine dei metri. Queste onde lunghe sono oggi chiamate «onde radio». Da allora è stato scoperto tutto uno spettro di lunghezze d'onda, che vanno da quelle più piccole dei raggi gamma (meno di 10^{-12} m), attraverso i raggi X e l'ultravioletto, il visibile, l'infrarosso e le microonde, fino alle onde radio. La figura 1.11 mostra uno schema di queste differenti lunghezze d'onda: in sostanza, sono tutti esempi dello stesso fenomeno ondulatorio.

L'importanza della scoperta di campi elettromagnetici che, come le onde, si mantengono autonomamente, sta nel conferire al campo un'esistenza indipendente. Prima che Maxwell aggiungesse il nuovo termine,

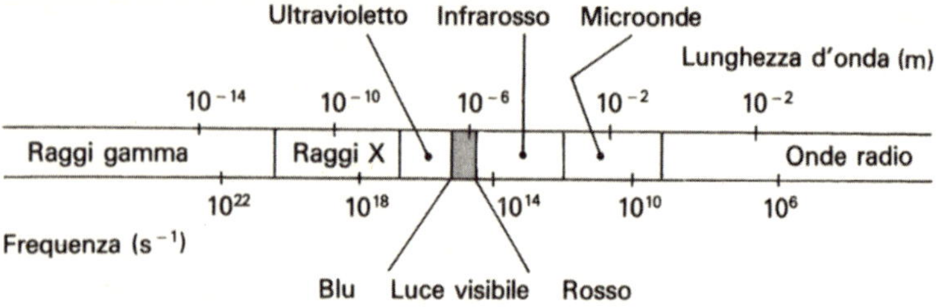

Figura 1.11
Spettro della radiazione elettromagnetica.

i campi elettrici e magnetici dipendevano inevitabilmente dalle sorgenti, e quindi erano poco più che un modo di descrivere come le correnti elettriche interagiscono a distanza. I campi medesimi non sembravano avere proprietà che non fossero già presenti nelle correnti elettriche. Dopo Maxwell il campo elettromagnetico diventò indipendente e assunse lo stato di sistema fisico a pieno diritto, con una sua propria esistenza accanto alle cariche e alle correnti elettriche, con le quali interagisce. Questo è un concetto rivoluzionario la cui portata va molto al di là dell'unificazione dell'elettricità e del magnetismo. L'idea che il campo sia un'entità dinamica indipendente è essenziale nella descrizione delle forze fondamentali.

Le equazioni di Maxwell implicano che nel vuoto le onde elettromagnetiche si propaghino sempre alla stessa velocità, quella della luce. Quando un'onda elettromagnetica passa in un punto dello spazio, i campi elettrico e magnetico in quel punto oscillano con una certa frequenza. Se l'onda è lunga, il campo impiegherà proporzionalmente più tempo per completare il ciclo. La lunghezza d'onda e la frequenza sono legate dalla semplice relazione: velocità = frequenza × (lunghezza d'onda). In simboli

$$c = \nu\lambda. \qquad [1.5]$$

Usando quest'equazione possiamo calcolare a quale frequenza corrisponde una certa lunghezza d'onda e viceversa.

È istruttivo paragonare la configurazione del campo elettromagnetico intorno ad un sistema che emette radiazione, come un'antenna radio, con quella che circonda una carica elettrica o una corrente stazionaria.

Come si è visto in precedenza (pp. 20 sg.) i campi elettrici e magnetici statici obbediscono alla legge dell'inverso del quadrato della distanza, cioè l'intensità del campo diminuisce come $1/r^2$, dove r è la distanza dalla sorgente. Invece l'intensità dell'onda (radiazione) elettromagnetica diminuisce più lentamente, come $1/r$. È per questo che i segnali elettromagnetici possono propagarsi a grande distanza.

Si sa da tempo che i campi elettrici e magnetici immagazzinano energia. Per creare un forte campo elettrico, per esempio accumulando una grande quantità di carica su una sfera metallica, è necessario spendere un'energia sufficiente a vincere la naturale repulsione tra cariche dello stesso segno. Questa energia riappare nel campo elettrico, e volendo la si può riutilizzare facendo defluire la carica in un filo metallico, dove per esempio potrà alimentare un motore elettrico. Quindi l'energia può essere trasferita dalla carica e dalla corrente ai campi elettrico e magnetico, e viceversa. In un'onda elettromagnetica, questa energia del campo è trasportata attraverso lo spazio nei campi oscillanti dell'onda. Per esempio, un trasmettitore radio 'pompa' energia elettrica nell'antenna in forma di corrente. Una parte di questa energia è liberata e si propaga nell'onda, magari per essere assorbita da cariche elettriche nell'antenna ricevente.

Un'onda elettromagnetica trasporta anche quantità di moto. È possibile mettere in evidenza la pressione della luce facendola cadere su una lamina di metallo sospesa ad un filo sottile. La pressione della luce solare può essere osservata nella coda di alcune comete, che consiste in gas espulsi quando la luce arriva sulla testa della cometa. Alcuni scrittori di fantascienza hanno addirittura immaginato veicoli spaziali muniti di 'vele', spinti dalla pressione della luce solare. Anche se in situazioni ordinarie la pressione della radiazione elettromagnetica è piccola, nell'interno caldissimo di una stella può essere determinante per impedire il collasso gravitazionale.

1.5 *La relatività*

Nel paragrafo 1.3 abbiamo detto che una corrente elettrica genera un campo magnetico. La corrente medesima è un flusso di carica elettrica, e vien fatto di pensarla come un fiume. Parlando della corrente di un fiume, di solito si intende il moto dell'acqua riferito a un punto fisso sulla riva. Tuttavia, per chi risalga il corso del fiume in barca la corrente che scorre lungo la fiancata è più rapida, poiché vi concorre il moto del natante rispetto alla riva. Se invece la barca va alla deriva, l'acqua appare immobile agli occupanti. Dal punto di vista del governo del battello, quello che interessa all'equipaggio non è il moto relativo alla riva, ma quello relativo all'acqua.

Analogamente, nel caso di una corrente elettrica, quello che conta è la velocità della carica in movimento relativamente all'osservatore. Quella che per un osservatore è una carica elettrica in quiete, per un altro è una corrente. Allora il secondo osservatore vedrà un campo magnetico che per il primo non esiste. In altri termini, la natura dei campi elettrici e magnetici è strettamente legata al sistema di riferimento nel quale vengono osservati. La teoria di Maxwell dell'elettrodinamica fornisce il procedimento matematico per trasformare i campi visti in un sistema di riferimento in quelli visti in un altro.

Verso la fine del secolo scorso ci si rese conto che le equazioni di Maxwell si trasformano, da un sistema di riferimento all'altro, in modo diverso dalle leggi della meccanica di Newton. Questa discrepanza generò una grossa crisi. Se tutte e due le teorie fossero state corrette, gli effetti elettromagnetici avrebbero potuto violare il principio della relatività del moto, fondamento della fisica newtoniana. Secondo questo principio, il moto uniforme non ha un significato assoluto: può solo essere valutato relativamente ad altri corpi. Si può dire che un'auto viaggia a 50 km/h rispetto alla strada, ma non esiste una velocità assoluta. Su un aereo che viaggia senza scosse, il passeggero non ha alcuna sensazione di movimento. Per poter dire di non essere fermo deve guardare dal finestrino e confrontare il proprio sistema di riferimento (l'aereo) con il terreno. Le leggi della meccanica di Newton sono strettamente legate a questa relatività del moto uniforme.

Se i fenomeni elettromagnetici violassero il principio di relatività, potremmo dare un senso all'idea di moto assoluto. Sarebbe possibile, per esempio, parlare di velocità della Terra rispetto allo spazio, e non solo rispetto al Sole o a qualche altro corpo celeste. Questa velocità potrebbe essere determinata usando effetti elettromagnetici, come i segnali luminosi.

Nel periodo a cavallo fra i due secoli furono compiuti vari esperimenti allo scopo di misurare la velocità assoluta della Terra; il più famoso fu quello eseguito, nel 1887, dai fisici americani Albert Michelson ed Edward Morley. Gli esperimenti diedero risultato negativo, e ciò affrettò la crisi anzidetta. Evidentemente ci doveva essere un errore nelle basi stesse della fisica, perché era inconcepibile che la Terra fosse ferma.

La scoperta e la correzione dell'errore richiesero un passo nuovo e ardito; fu Einstein a compierlo, con la sua idea di gettare tutti gli ingredienti (materia, moto, elettromagnetismo e relatività) nel calderone. Ne uscì, nel 1905, la nuova teoria della relatività «ristretta»: la relatività del moto uniforme veniva mantenuta anche per i fenomeni elettromagnetici, ma a patto di rinunciare alle leggi della meccanica newtoniana, e con esse al modo usuale, legato al senso comune, di vedere lo spazio e il tempo. Fu veramente una rivoluzione scientifica di proporzioni monumentali.

Secondo la teoria della relatività ristretta, anche le distanze e gli intervalli di tempo sono relativi. Possono allungarsi o accorciarsi a seconda del moto dell'osservatore. Questo avviene in modo tale che la velocità della luce sia sempre la stessa, non importa quale sia il moto della sorgente e dell'osservatore. In altri termini, la velocità della luce è uguale in tutti i sistemi di riferimento, un enunciato apparentemente paradossale, eppure verificabile sperimentalmente.

Evidentemente, se la luce si propaga sempre a 300 000 km/s qualunque sia il moto dell'osservatore, questi non potrà mai raggiungere un impulso luminoso e superarlo. Nessuna particella o corpo materiale può muoversi alla velocità della luce. In effetti la teoria di Einstein, in tutta la sua generalità, stabilisce che nessuna informazione o influenza può superare la velocità della luce. Questo significa che le onde elettromagnetiche hanno un ruolo fondamentale nella struttura causale dell'universo, in quanto la connessione causale tra due eventi presuppone necessariamente il tramite di una qualche influenza che si propaghi a velocità non superiore a quella della luce.

La restrizione che gli effetti fisici non si possono propagare più velocemente della luce ha importanti implicazioni per quanto riguarda il modo in cui le forze agiscono. Per esempio consideriamo, in un punto P dello spazio, il campo elettrico dovuto alla presenza di una carica elettrica, a una certa distanza. Supponiamo di muovere improvvisamente la carica di un piccolo tratto. Ci si può allora domandare: il campo in P cambia istantaneamente allorché la carica viene mossa? Le equazioni di Maxwell mostrano che non è così. Infatti lo spostamento della carica causa un'improvvisa variazione del campo nelle immediate vicinanze, ma questa variazione si propaga alla velocità della luce. Ne consegue che ci vuole un certo tempo prima che l'intensità del campo elettrico a una data distanza corrisponda alla nuova posizione della carica-sorgente. Si parla a questo proposito di «effetto ritardato», un'espressione efficace per dire che l'informazione sul moto della carica non arriva in un luogo distante finché la variazione del campo non si sia propagata fin lì con una certa velocità limitata.

Un'ulteriore conseguenza di queste idee è che spazio e tempo diventano strettamente associati. Ogni volta che le distanze sono deformate dal moto, lo stesso avviene degli intervalli di tempo. Da un punto di vista matematico queste deformazioni sono legate in modo tale da suggerire che spazio e tempo vadano visti sullo stesso piano, come componenti di uno «spaziotempo» unificato. Lo spazio ha tre dimensioni e il tempo una, quindi lo spaziotempo è quadridimensionale.

Se le particelle materiali non possono raggiungere la velocità della luce, viene naturale domandarsi che cosa succede se tentiamo di accelerarle oltre questa barriera. A velocità ordinarie, una forza che accelera un corpo compie lavoro, e l'energia spesa serve per far muovere il corpo più velocemente (cioè viene convertita in energia cinetica). Tuttavia, quando ci si avvicina alla velocità della luce, entra in gioco un nuovo fenomeno. Il corpo sembra acquistare massa e diventa quindi più difficile da accelerare. Una parte sempre maggiore dell'energia spesa dalla forza contribuisce ad appesantire il corpo, e una parte sempre minore va ad aumentare la sua velocità: nei grandi acceleratori le particelle possono acquistare una massa dozzine di volte più grande di quella a riposo!

La relazione tra la massa m di una particella in movimento e la massa m_0 della medesima particella a riposo può essere dedotta passando dal sistema di riferimento mobile a quello a riposo con le trasformazioni della relatività ristretta. Per una particella con velocità v si trova la formula

$$m = \frac{m_0}{\sqrt{1 - v^2/c^2}} \, . \qquad [1.6]$$

Quando v si avvicina a c, la quantità $\sqrt{1 - v^2/c^2}$ tende a zero, e la massa della particella cresce senza limite.

Se l'energia può essere usata per generare massa, allora energia e massa devono essere equivalenti. In effetti, la massa è semplicemente una forma di energia inscatolata. Viceversa, tutte le forme di energia hanno una massa. Il Sole, per esempio, con la continua emissione di energia diventa sempre più leggero (al ritmo di quattro milioni di tonnellate al secondo). Dal momento che l'energia E e la massa m sono di solito misurate in unità differenti, abbiamo bisogno di un fattore di conversione per confrontarle. Questo fattore è c^2. Dunque

$$E = mc^2 \tag{1.7}$$

che è la più famosa delle formule di Einstein.

Combinando le equazioni [1.6] e [1.7] ed elevando al quadrato otteniamo

$$E^2 = m^2v^2c^2 + m_0^2c^4. \tag{1.8}$$

Introducendo ora la «quantità di moto» p della particella, definita nel modo usuale come mv, l'equazione [1.8] diventa

$$E^2 = p^2c^2 + m_0^2c^4. \tag{1.9}$$

Se la particella è a riposo si ha $p = 0$, quindi $E = m_0c^2$. Questo risultato dimostra che anche una particella immobile contiene una grande quantità di energia, rinchiusa nella sua «massa a riposo». Di conseguenza, la materia ordinaria è un serbatoio di energia; vedremo in seguito come una parte di questa energia può essere utilizzata, con effetti di proporzioni notevoli.

Nel prossimo capitolo vedremo che la luce può essere considerata come composta di particelle chiamate «fotoni». Per definizione queste particelle devono viaggiare a velocità c. L'equazione [1.6] sembra allora condurre al risultato assurdo che per i fotoni sia $m = \infty$. Tuttavia, non è così: se poniamo $m_0 = 0$, il secondo membro dell'equazione [1.6] diventa 0/0, una quantità indeterminata che può essere finita. Infatti, ponendo $m_0 = 0$ nell'equazione [1.9], abbiamo il risultato perfettamente ragionevole

$$E = pc \tag{1.10}$$

che dice che i fotoni trasportano una quantità di moto proporzionale alla loro energia. In effetti questa relazione può essere anche dedotta direttamente dalla teoria elettromagnetica di Maxwell. La quantità di moto trasportata dalla luce genera la pressione che la luce esercita quando cade su di un corpo materiale (cfr. p. 31). Il fatto che i fotoni non abbiano massa a riposo non è un problema perché, come abbiamo spiegato precedentemente, non possono essere a riposo in nessun caso, quale che sia il sistema di riferimento in cui vengono osservati. Il campo elettromagnetico ha un ruolo centrale nella teoria della relatività e quindi nella struttura dello spazio e del tempo. Tuttavia è solo una delle forze che conosciamo, ed è necessario tener conto anche della gravitazione. La teoria di Newton dell'azione a distanza è in evidente contrasto con la relatività di Einstein, perché implica la possibilità di una comunicazione tra corpi distanti non alla velocità della luce o più lentamente, ma istantanea, per mezzo della gravità. Einstein si convinse che anche la teoria della gravità di Newton doveva essere sbagliata e si propose di rimpiazzarla, un progetto che non fu compiuto che dieci anni più tardi. Nel 1915 egli pubblicò i dettagli della sua teoria della relatività generale, che estendeva la teoria precedente includendo la gravità.

Sotto diversi aspetti, nella teoria generale la gravità è vista in modo simile all'elettromagnetismo. Il campo gravitazionale, anche se è più complicato di quello di Maxwell, ha proprietà di trasformazione dello stesso tipo. Inoltre la teoria prevede l'esistenza di «onde gravitazionali» del tutto analoghe a quelle elettromagnetiche. Le onde di gravità sono prodotte quando la configurazione di un sistema materiale varia, e si propagano anch'esse alla velocità della luce. Quindi la gravità non può essere usata per trasmettere informazioni a velocità superiore a quella della luce.

Addirittura, riguardo alla struttura dello spazio e del tempo, la gravità è più importante dell'elettromagnetismo. Infatti per la teoria della relatività generale la gravità è lo spaziotempo, o più precisamente una manifestazione della geometria curva dello spaziotempo. Ulteriori considerazioni sulla teoria generale sono comunque al di là dello scopo di questo libro.

Capitolo 2

La struttura della materia

La teoria elettromagnetica di Maxwell, nonostante il suo grandissimo successo nella descrizione di fenomeni macroscopici, incontra gravi difficoltà a livello atomico. Già all'inizio di questo secolo era evidente che le idee dell'elettromagnetismo classico davano luogo a seri problemi, e che per comprendere la natura di queste forze sarebbe stato necessario studiare la loro azione a livello microscopico. La risultante «teoria quantistica» della materia e delle forze è oggi alla base dello studio di tutte le forze fondamentali. Questo capitolo ne delinea le idee essenziali.

2.1 *Atomi e molecole*

La ricerca dei costituenti ultimi della materia iniziò nella Grecia antica. Il filosofo Democrito, nel secolo V a.C., sosteneva che la materia è costituita da un grandissimo numero di particelle aventi dimensione, forma e peso variabili. Questi «atomi» (dal greco *átomos* che significa 'indivisibile') si muovono incessantemente, e si possono riunire in diverse combinazioni per formare l'enorme varietà di sostanze esistenti. In epoca più tarda (I sec. a.C.), il poeta e filosofo romano Lucrezio li descrisse come oggetti indistruttibili, duri e solidi, individualmente privi di qualità come colore, temperatura, sapore od odore.

Nell'era moderna, i primi chiari indizi scientifici della natura corpuscolare della materia vennero dalla chimica. Verso la fine del secolo XVIII si attribuiva grande importanza alla misura accurata dei pesi e dei volumi dei reagenti chimici. Fu accertato che il peso totale delle sostanze che intervengono in una reazione è uguale a quello dei prodotti finali, e quindi che la quantità totale di materia si conserva.

Un autorevole esponente della teoria 'particellare' della materia fu John Dalton, che intorno al 1807 enunciò la legge delle proporzioni costanti. Essenzialmente, questa legge dice che le sostanze chimiche si combinano tra loro in rapporti semplici e definiti. Per esempio, i pesi di idrogeno (H) e ossigeno (O) che si combinano per formare acqua (H_2O) sono sempre nella stessa proporzione. Questo fatto è spiegato in modo esauriente dalla teoria atomica. Una sostanza che consiste di atomi di una sola varietà è detta elemento. Gli atomi dell'elemento idrogeno si uniscono agli atomi dell'elemento ossigeno a formare «molecole» d'acqua, costituite da due atomi di idrogeno e uno di ossigeno.

Si sapeva inoltre che certi elementi si possono combinare in più modi differenti. Il carbonio (C) e l'ossigeno, per esempio, possono formare monossido e biossido di carbonio. In casi come questo si vede che le diverse quantità dell'elemento che si può combinare in più modi stanno tra loro in relazione semplice. Nella fattispecie, la quantità di ossigeno che si combina con una data quantità di carbonio per formare il biossido è il doppio di quella necessaria per formare il monossido. Come prima, questi fatti si spiegano immediatamente supponendo che i due ossidi di carbonio siano costituiti da molecole, in cui gli atomi di carbonio e di ossigeno siano legati nella forma CO e CO_2 rispettivamente.

Poco dopo il lavoro di Dalton, il chimico francese Louis Joseph Gay-Lussac studiò non le masse, ma i volumi dei gas che entrano nelle reazioni. Trovò che i volumi dei gas che si combinano stanno in rapporti semplici tra loro e con il prodotto della reazione. Questo fatto può essere interpretato alla luce della teoria atomica e dei risultati di Giuseppe Avogadro, che nel 1811 enunciò la sua teoria molecolare dei gas. Avogadro affermò che, in condizioni identiche di temperatura e pressione, volumi uguali di gas diversi contengono lo stesso numero di molecole; e questo è vero sia per i gas monoatomici, sia per quelli le cui molecole sono costituite da una combinazione di diversi atomi. Il motivo è che le molecole medesime occupano uno spazio molto piccolo rispetto al volume occupato dal gas.

Nel secolo scorso, l'ipotesi della natura atomica della materia diventò sempre più accreditata, nonostante l'assenza di un riscontro diretto. L'idea che un gas consista di un numero grandissimo di particelle in moto caotico (teoria cinetica dei gas) portò ai risultati di Maxwell, Rudolph Clausius e Ludwig Boltzmann, che riuscirono a spiegare le proprietà dei gas in termini del comportamento medio delle singole molecole. Così, la pressione del gas sulle pareti di un recipiente può essere spiegata come un effetto del continuo bombardamento molecolare. Un aumento della temperatura fa sì che le molecole si muovano più velocemente, aumentando quindi sia la frequenza del bombardamento che la forza dei singoli colpi. Ciò spiega perché la pressione del gas sale con la temperatura.

In realtà, l'attività delle molecole era stata osservata direttamente, già nel 1827, dal botanico Robert Brown, il quale aveva notato che dei granelli in sospensione in un liquido si muovono a zig-zag. Questo effetto è dovuto a fluttuazioni dell'intensità del bombardamento molecolare sui granelli. Ma a parte questo «moto browniano», un riscontro diretto della teoria atomica della materia dovette attendere la scoperta della radioattività e l'identificazione dell'elettrone, più o meno nel periodo a cavallo tra i due secoli. Solo allora le idee rivali concernenti la natura continua della materia furono definitivamente abbandonate. Oggi è possibile discernere i singoli atomi di un cristallo al microscopio elettronico.

L'atomo più leggero è quello dell'idrogeno, con una massa di circa 2×10^{-27} kg. Il secondo in ordine di leggerezza è l'elio, con una massa circa quattro volte più grande. In natura si trovano circa 90 differenti elementi (cioè specie di atomi), e alcuni altri possono essere prodotti artificialmente. La dimensione tipica degli atomi è più o meno di 10^{-10} m.

Poco dopo che gli scienziati ebbero universalmente accettato l'esistenza di quelli che oggi chiamiamo atomi, diventò chiaro che questi non erano poi le particelle indivisibili immaginate dagli antichi Greci. Divenne sempre più evidente che tutti gli atomi possiedono una struttura interna complicata, che a sua volta fornisce la chiave per capire perché ce ne sono di tante varietà diverse.

2.2 *La struttura interna degli atomi*

Un'ulteriore conferma della teoria atomica della materia venne dal lavoro di Faraday sull'elettrolisi. Faraday vide che facendo passare una corrente elettrica in un liquido si depositava del materiale agli elettrodi (i poli del generatore). Per esempio, il sale comune (cloruro di sodio) disciolto in acqua può essere decomposto dal passaggio della corrente in cloro, che appare all'anodo (il polo positivo), e sodio, che appare al catodo (polo negativo).

Misure accurate mostrarono che la massa del materiale depositato era proporzionale alla quantità di elettricità trasportata durante il processo. Inoltre, Faraday trovò che i pesi di sostanze differenti depositate dalla stessa quantità di elettricità stanno tra loro nello stesso rapporto dei pesi che si combinano chimicamente secondo le leggi di Dalton.

Il lavoro di Faraday sull'elettrolisi evidenziò che tra atomi ed elettricità c'era una stretta relazione, che però fu chiarita solo più tardi con ulteriori ricerche sul passaggio della corrente nei gas. Era stato osservato nel 1858 da Julius Plücker che quando due placche di metallo venivano inserite in un tubo contenente gas a pressione molto bassa e collegate a un generatore elettrico, dal polo negativo partiva una scarica luminescente. Questi «raggi catodici» furono studiati a fondo da Sir William Crookes e più tardi da Joseph J. Thomson.

La natura dei raggi catodici rimase alquanto controversa fino al 1897, quando Thomson dimostrò che consistono in un fascio di particelle elettricamente cariche. Thomson riuscì a determinare il rapporto tra massa e carica (m/e) di queste particelle facendo deflettere il raggio da campi elettrici e magnetici (fig. 2.1). Il suo apparato, precursore del moderno tubo del televisore, produceva un raggio catodico che veniva fatto passare tra due placche elettricamente cariche e tra i poli di un magnete, per raggiungere uno schermo fluorescente dove lasciava una traccia visibile.

Di solito si attribuisce a Thomson la scoperta della prima particella subatomica. I corpuscoli che costituivano i raggi catodici furono chiamati «elettroni», un nome coniato alcuni anni prima dall'irlandese George J. Stoney.

Ulteriori informazioni sugli elettroni vennero da una serie di esperimenti iniziati da Thomson e culminati nel lavoro di Robert Millikan. Lo scopo di queste ricerche era di misurare l'unità fondamentale di carica elettrica, in pratica la carica dell'elettrone. Il metodo usato era di spruzzare una nuvola di piccolissime goccioline d'acqua (in seguito olio) tra due larghe placche elettricamente cariche. Avvicinando una sorgente di raggi X o del radio l'aria veniva ionizzata, e si mettevano quindi le goccioline in condizione di raccogliere delle singole cariche. Il campo elettrico tra le placche, agendo su queste cariche, aveva

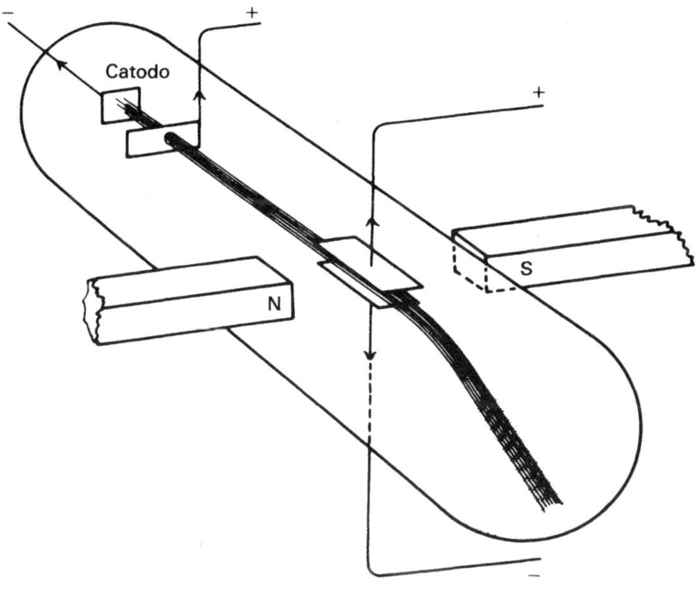

Figura 2.1
La prima particella subatomica. Schema dell'apparato con cui J. J. Thomson misurò il rapporto m/e per l'elettrone. In un tubo riempito di gas a bassa pressione un fascio di elettroni vien fatto passare tra due placche elettricamente cariche e tra i poli di un magnete. Variando le intensità dei campi e misurando la deviazione del fascio nel momento in cui colpisce lo schermo fluorescente, si può determinare il rapporto tra massa e carica.

l'effetto di tenere sospese le goccioline. Il peso di una gocciolina si poteva misurare spegnendo il campo, lasciandola cadere e studiando il suo moto (e tenendo debitamente conto della resistenza dell'aria). Millikan trovò che la carica elettrica delle goccioline era sempre un multiplo intero di una quantità fissa, che egli suppose essere la carica dell'elettrone. Questa carica risultò essere una quantità molto piccola, come ci si può rendere conto dal fatto che una corrente di un ampere (valore tipico degli usi domestici) corrisponde al passaggio di circa 10^{19} elettroni al secondo attraverso una sezione del filo.

Dopo Millikan, tutti gli esperimenti hanno confermato che l'unità fondamentale di elettricità esistente in natura è numericamente uguale alla carica dell'elettrone. Conoscendo *e*, la massa dell'elettrone calcolata dal rapporto *m/e* è di circa $1{,}9 \times 10^{-31}$ kg, circa 1836 volte più piccola della massa dello ione idrogeno.

La relazione tra elettroni e atomi non era così chiara. Evidentemente gli elettroni dovevano essere in qualche modo contenuti negli atomi, e in certe situazioni potevano staccarsene. Dal momento che gli atomi ordinari sono elettricamente neutri, devono contenere anche cariche positive. Già nel 1886 alcuni esperimenti di scariche elettriche in tubi riempiti di gas avevano rivelato l'esistenza di raggi costituiti da particelle cariche positivamente, e successivi sviluppi tecnici avevano reso possibile la misura del rapporto tra carica e massa anche per queste. I risultati mostrarono che gli atomi carichi positivamente, o ioni, erano migliaia di volte più pesanti degli elettroni.

Un ulteriore indizio della natura degli atomi fu fornito nel 1896 dalla scoperta della radioattività da parte di Henri Becquerel, il quale osservò che certi atomi pesanti, come l'uranio, sono instabili ed emettono radiazioni penetranti. Si vide presto che queste emissioni erano di tre tipi differenti. Un tipo di radiazioni, denominate «raggi beta», risultò essere costituito da elettroni molto veloci. Un altro tipo, i «raggi gamma», furono identificati come fotoni dotati di grande energia. Infine, i cosiddetti «raggi alfa» furono studiati con il sistema della deflessione per mezzo di campi elettrici e magnetici, e risultarono essere particelle con un rapporto tra massa e carica circa doppio di quello dello ione idrogeno. Fu il neozelandese Ernest Rutherford a identificare correttamente i raggi alfa. Egli suppose che fossero atomi di elio (l'elemento più leggero dopo l'idrogeno) doppiamente ionizzati, con carica + 2 e massa circa quattro volte maggiore di quella degli ioni idrogeno.

Una volta stabilita l'esistenza degli elettroni e delle emissioni radioattive, l'interesse si incentrò sulla struttura interna degli atomi. Che aspetto avevano? Come erano disposti gli elettroni e le cariche positive?

L'immagine attuale della struttura atomica fu proposta da Rutherford nel 1911. L'idea essenziale è che la maggior parte della massa è concentrata in un nucleo molto piccolo, che ha carica positiva. Gli elettroni, molto più leggeri e carichi negativamente, orbitano attorno al nucleo in modo simile ai pianeti del sistema solare.

A favore del suo modello atomico, Rutherford presentò i risultati di una serie di esperimenti da lui stesso promossi, nei quali sottili lamine di metallo venivano bombardate con particelle alfa. L'idea era di determinare in che modo le particelle alfa vengono diffuse dagli atomi della lamina. Per rivelare le particelle deviate si usarono schermi fluorescenti. Era possibile osservare piccoli lampi dovuti a singole particelle alfa che urtavano lo schermo.

La situazione fu paragonata da Rutherford al bombardamento di un foglio di carta velina con granate da quindici pollici: le particelle alfa hanno una tale energia che avrebbero dovuto passare la lamina da parte a parte praticamente senza ostacoli, qualcuna magari con una piccola deviazione. I risultati iniziali sembrarono confermare questa previsione. Poi, nel 1909, gli sperimentatori scoprirono che una piccola percentuale delle particelle alfa veniva diffusa con deviazioni molto ampie, e qualcuna di esse addirittura rimbalzava sulla lamina e tornava nella direzione da cui era venuta. Questa era la prova decisiva dell'esistenza di un nucleo atomico compatto e carico positivamente.

Con il modello atomico di Rutherford le deviazioni ampie si spiegano facilmente. La principale causa di diffusione è il campo elettrico del nucleo che respinge le particelle alfa cariche positivamente. Gli elettroni, ben più leggeri, vengono spazzati via. La maggior parte delle particelle alfa passa ben lontano da qualunque nucleo e viene deviata di poco, ma ogni tanto una particella si avvicinerà molto a un nucleo. Secondo la legge dell'inverso del quadrato della distanza (eq. [1.4]), la particella alfa sarà allora sottoposta a una forza repulsiva molto intensa. I nuclei della lamina, essendo molto più pesanti delle particelle alfa, si spostano di poco, comportandosi quasi come corpi rigidamente fissati. Questo significa che le particelle alfa che si avvicinano molto a un nucleo possono essere deviate di parecchio, e perfino rimbalzare indietro.

Conoscendo l'energia delle particelle alfa, Rutherford poté calcolare di quanto erano in grado di avvicinarsi al nucleo. Venne fuori una distanza di circa 10^{-15} m. Solo le particelle che si avvicinavano maggiormente, nelle collisioni frontali, mostravano di venire effettivamente a contatto coi nuclei. Altrimenti si comportavano come se si muovessero nello spazio libero, sottoposte solo a un campo elettrico. Era quindi chiaro che il nucleo doveva essere un oggetto estremamente compatto, con un raggio inferiore a un decimillesimo di quello dell'intero atomo.

Una volta capita l'architettura basilare dell'atomo, divenne possibile spiegare l'esistenza di elementi chimici differenti. Poiché la carica dell'elettrone è sempre la stessa, e tutti gli atomi in condizioni normali sono elettricamente neutri, segue dal modello planetario che il nucleo deve contenere una pari quantità di carica positiva. Quindi la carica nucleare deve sempre essere un multiplo fisso di una unità fondamentale, che ha lo stesso valore della carica dell'elettrone ma segno opposto. Le differenze di comportamento chimico tra gli atomi sono dovute essenzialmente al differente numero di elettroni da essi posseduti, che a sua volta è dovuto ai differenti valori delle cariche nucleari.

L'atomo più semplice è quello dell'elemento idrogeno, che consiste in un nucleo con una unità di carica e in un elettrone che la neutralizza. L'idrogeno è anche la sostanza più comune dell'universo, in quanto costituisce circa il 90 per cento di tutti gli atomi. In ordine di semplicità segue l'atomo di elio, che ha carica nucleare di due unità e quindi due elettroni. L'elio è l'atomo più comune dopo l'idrogeno: costituisce quasi tutto il rimanente 10 per cento.

Scorrendo la lista degli atomi, ordinati per valori crescenti della carica nucleare, troviamo litio, berillio, boro e così via; poi, fra gli altri, carbonio, azoto, ossigeno, e ancora ferro, oro, piombo e finalmente uranio. Sono in tutto 92 elementi. Dunque l'uranio ha una carica nucleare positiva di 92 unità e ha 92 elettroni. Inoltre, i nuclei con carica elevata sono anche i più pesanti. Come abbiamo detto in precedenza, vi sono alcuni elementi più pesanti dell'uranio che possono essere prodotti artificialmente. Tutti gli elementi con peso compreso tra quello dell'idrogeno e quello dell'uranio rientrano in questi 92.

Gli elettroni che sciamano intorno al nucleo non si muovono ciascuno per conto suo, ma interagiscono per via elettromagnetica in modo estremamente complesso. In un atomo di uranio c'è una complicata rete di forze cangianti, in un turbine formato da dozzine di elettroni che si incontrano e si respingono l'un altro per mezzo delle forze elettriche. Il moto degli elettroni genera inoltre complicati campi magnetici che danno luogo ad altre forze ancora. A prima vista sembrerebbe che un ambiente così affollato debba produrre anarchia. È quindi notevole il fatto che perfino gli atomi più pesanti rimangano ordinati. In effetti, già nel secolo scorso il chimico russo Dmitrij Ivanovič Mendeleev aveva dimostrato che molti elementi chimici possono essere organizzati in uno schema sistematico noto come tavola periodica, in cui elementi con proprietà fisico-chimiche molto simili venivano raggruppati insieme. La struttura della tavola periodica è ora ampiamente compresa in termini della disposizione ordinata degli elettroni orbitali.

2.3 *Esplorando l'atomo con la luce*

Secondo la teoria elettromagnetica di Maxwell, quando le particelle elettricamente cariche accelerano emettono radiazione. C'è quindi da aspettarsi che gli elettroni che orbitano intorno al nucleo atomico debbano emettere radiazione secondo questo meccanismo. Il fatto che la materia ordinaria diventi incandescente quando viene portata a temperatura elevata indica che qualche processo di questo tipo avviene effettivamente. Abbiamo dunque la possibilità di studiare la struttura interna degli atomi osservando come assorbono ed emettono la luce e le altre radiazioni elettromagnetiche. Lo studio dello spettro di emissione della materia surriscaldata era cominciato ben prima che la natura degli atomi fosse chiarita, e rimane la tecnica principale per ottenere informazioni dettagliate sulla struttura atomica.

I primi tentativi di studiare l'emissione di radiazione da parte degli elettroni dell'atomo si basavano sulle leggi della meccanica di Newton e sull'elettromagnetismo di Maxwell. Tuttavia, vennero presto alla luce alcune profonde incongruenze. Per capire la natura del problema, si consideri il moto di un elettrone nel modello atomico di Rutherford. Una particella che si muove su una traiettoria curva è accelerata, perché la direzione del moto varia in continuazione. Pensando per semplicità che l'elettrone si muova su un'orbita circolare di raggio r con frequenza di rivoluzione ν, la sua accelerazione risulta $4\pi^2\nu^2 r$. La forza che dà luogo a questa accelerazione è l'attrazione elettromagnetica del nucleo.

In generale un atomo contiene molti elettroni, e un dato elettrone sarà soggetto non solo alla forza attrattiva del nucleo, ma anche alla repulsione degli altri elettroni e a forze magnetiche provocate dal turbinio di cariche. In particolare, un elettrone che si muove nelle zone più esterne dell'atomo sarà sottoposto a una ridotta attrazione da parte del nucleo, perché la carica nucleare verrà schermata da quella, opposta, degli elettroni più interni.

Per evitare tutte queste complicazioni consideriamo il caso in cui l'atomo contenga un solo elettrone, per esempio l'atomo di idrogeno ordinario, l'elio ionizzato una volta, il litio ionizzato due volte e così via. Se l'elettrone ha carica $-e$ e il nucleo ha carica $+Q$, la forza con cui il nucleo attrae l'elettrone è KeQ/r^2 (cfr. eq. [1.4]). La seconda legge del moto di Newton dà allora

$$KeQ/r^2 = 4\pi^2 m \nu^2 r. \qquad [2.1]$$

Risolvendo questa equazione rispetto alla frequenza orbitale otteniamo:

$$\nu = \sqrt{KeQ/4\pi^2 mr^3}\,. \qquad [2.2]$$

Osservando l'equazione [2.2] vediamo che al diminuire di r (cioè quando l'elettrone orbita più vicino al nucleo) ν aumenta. Questo vuol dire che un elettrone vicino al nucleo gira più velocemente di uno lontano, così come per i pianeti interni del sistema solare l'anno è più breve che per quelli esterni. La velocità tipica di un elettrone orbitale è dell'ordine di 10^6 m/s.

Dal momento che l'elettrone orbitale è legato al nucleo per mezzo della forza elettrica, l'energia dell'atomo (senza contare l'energia corrispondente, per la relatività ristretta, alla sua massa a riposo) sarà negativa; dobbiamo cioè fare lavoro sull'atomo per allontanarne l'elettrone. L'energia è costituita da due termini: un termine è l'energia potenziale di attrazione elettrica data da $-KeQ/r$, l'altro è l'energia cinetica $1/2mv^2$ dovuta al fatto che l'elettrone si muove con velocità v. Ma la velocità orbitale è semplicemente la lunghezza dell'orbita $2\pi r$ divisa per il periodo $1/\nu$. Quindi, $v = 2\pi\nu r$ e l'energia cinetica è $2\pi^2\nu^2 r^2 m$. Possiamo ora usare l'equazione [2.2] e rimpiazzare $2\pi^2\nu^2 r^2 m$ con $KeQ/2r$. La somma delle energie cinetica e potenziale è quindi

$$\frac{-KeQ}{r} + \frac{KeQ}{2r} = \frac{-KeQ}{2r}\,. \qquad [2.3]$$

Da questo risultato vediamo che gli elettroni veloci vicini al nucleo (r piccolo) sono anche quelli legati più strettamente, avendo la minima energia (massima in valore assoluto). Viceversa, gli elettroni più lenti lontani dal nucleo sono legati piuttosto debolmente.

Poiché un elettrone orbitante accelera ci aspetteremmo, stando alla teoria dell'elettromagnetismo di Maxwell, che emetta radiazione elettromagnetica di frequenza ν (la frequenza orbitale). Questa frequenza dipende, secondo le equazioni [2.2] e [2.3], dal raggio dell'orbita, e quindi dall'energia dell'elettrone. Consideriamo un gas incandescente costituito da un gran numero di atomi dello stesso tipo. Gli atomi corrono qua e là in modo caotico, scontrandosi e scambiandosi energia, assorbendo ed emettendo radiazione. Poiché questi processi sono casuali, l'energia disponibile sarà distribuita tra gli atomi in modo tale che alcuni ne avranno di più e altri di meno. Negli atomi con maggiore energia gli elettroni si muovono con velocità relativamente bassa in orbite larghe, mentre in quelli che ne hanno di meno gli elettroni saranno legati più strettamente e orbiteranno con frequenze più alte. Secondo la fisica classica l'energia sarà distribuita tra gli atomi in modo continuo, e quindi in un gas normale le frequenze orbitali varieranno con continuità in un ampio intervallo. Ne segue che anche la radiazione emessa dal gas varierà con continuità in un ampio intervallo di frequenze.

Il tipo di luce emessa da un gas può essere analizzato per mezzo di uno spettroscopio. In questo strumento la luce viene suddivisa nelle diverse frequenze (colori) di cui si compone per mezzo di un prisma o di un reticolo di diffrazione. La figura 2.2 mostra lo spettro dell'idrogeno atomico. Contrariamente a quello che ci si aspetterebbe sulla base della fisica classica, lo spettro non consiste di un 'arcobaleno' continuo di frequenze. C'è invece una evidente successione di «righe spettrali» molto nitide, ciascuna delle quali corrisponde a una particolare frequenza od orbita atomica. Queste righe sono una proprietà generale degli spettri atomici, ed erano già conosciute dai fisici e dagli astronomi del secolo scorso. L'impossibilità di spiegarle in base alla fisica classica ebbe conseguenze rivoluzionarie per la nostra concezione della struttura atomica e, più in generale, del mondo microscopico.

Anche senza tener conto dei risultati spettroscopici, è chiaro che ci deve essere qualcosa di molto sbagliato nel modello planetario dell'atomo di Rutherford, se si cerca di spiegarlo con le teorie di Newton e Maxwell. Il problema sta nel fatto che la luce trasporta energia. Se l'elettrone che gira all'interno dell'atomo emette luce, così facendo perde energia. Ma, come abbiamo visto, minore (maggiore in valore assoluto) è la sua energia, più è vicino al nucleo e più velocemente gira. Ciò dovrebbe rendere l'emissione di energia ancora più intensa, con conseguente ulteriore contrazione dell'orbita. La conclusione inevitabile sembra essere che le orbite sono instabili e che, lasciati a se stessi, gli elettroni

Figura 2.2
Lo spettro dell'idrogeno, con la sua struttura ordinata di righe distinte.

cadono inesorabilmente a spirale nel nucleo, causando il collasso dell'atomo.

Il problema si ritrova, sotto un aspetto diverso, in termodinamica. Verso la fine dell'Ottocento i fisici erano perplessi circa la natura dell'equilibrio tra materia e radiazione a temperature ordinarie. Si sapeva, dal lavoro di Gustav Kirchhoff del 1859, che una cavità circondata da materiale in equilibrio termico si riempie di radiazione, con uno spettro (distribuzione di energia tra le varie lunghezze d'onda) indipendente dalla forma e dal materiale delle pareti. Una delle principali sfide, per i teorici, era il calcolo di questo spettro universale del calore radiante.

Un forellino di ispezione praticato nella cavità assorbirebbe tutta la radiazione entrante e permetterebbe solo a una frazione trascurabile dell'energia contenuta di sfuggire. In questo senso la cavità si comporta come un corpo perfettamente assorbente, o «corpo nero». Lo spettro universale della radiazione all'interno della cavità è dunque quello che sarebbe emesso da un corpo nero ideale a temperatura uniforme.

I tentativi di calcolare lo spettro di corpo nero sulla base della termodinamica classica e dell'elettromagnetismo si scontrarono con grosse difficoltà. Una legge fondamentale della termodinamica dice che per un sistema in equilibrio l'energia disponibile è, in media, divisa democraticamente fra tutti i gradi di libertà del sistema. Il guaio è che il campo di radiazione ha infiniti gradi di libertà, per via della natura continua del campo elettromagnetico.

Quindi, se c'è una suddivisione equa dell'energia, gli infiniti modi del campo di radiazione avranno un appetito insaziabile. La materia che costituisce i muri della cavità, avendo un numero finito di gradi di libertà, ne condividerà solo una porzione trascurabile. Per farla breve, una quantità illimitata di energia fluirà dalla materia (atomi) nel campo di radiazione, e un vero equilibrio sarà impossibile: evidentemente un risultato assurdo.

Il primo passo verso la soluzione di questi problemi fu compiuto dal fisico tedesco Max Planck nel 1900. Egli riuscì a dimostrare matematicamente che il disavanzo nel bilancio di energia tra radiazione e materia a temperature ordinarie può essere ridotto se l'energia viene scambiata tra le due in multipli esatti di certi 'pacchetti' o quantità definite, che egli chiamò «quanti». L'energia di un quanto di radiazione, come la luce, è legata alla frequenza ν per mezzo della formula universale

$$E = h\nu \qquad [2.4]$$

dove h è una costante nota, molto appropriatamente, come «costante di Planck». Il suo valore è di $6{,}6 \times 10^{-34}$ Js: questo significa che un quanto di energia è veramente piccolo rispetto alle quantità ordinarie. Un quanto di luce visibile ($\nu = 10^{15}\ s^{-1}$) corrisponde solo a circa 10^{-18} J, cioè una normale lampadina ne emette circa 10^{20} al secondo.

L'equazione [2.4] può anche essere scritta in funzione della lunghezza d'onda mediante la [1.5]:

$$E = hc/\lambda. \qquad [2.5]$$

Inoltre, dalle equazioni [1.10] e [2.5] si ottiene

$$p = h/\lambda \qquad [2.6]$$

che mostra come anche la quantità di moto della luce sia quantizzata. Usando l'ipotesi dei quanti Planck riuscì a calcolare uno spettro della radiazione di corpo nero che è confermato dagli esperimenti (fig. 2.3).

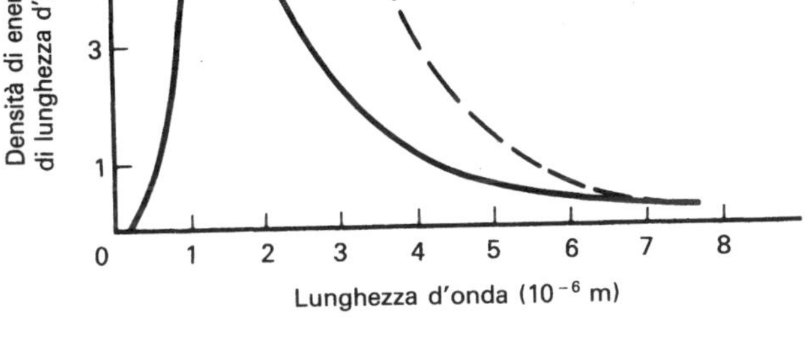

Figura 2.3
Lo spettro di radiazione di Planck per un corpo in equilibrio termico a 2000 K. La linea tratteggiata mostra la catastrofica emissione di energia alle corte lunghezze d'onda (alte frequenze) prevista dalla vecchia teoria.

Un ulteriore riscontro della natura quantistica della luce viene dall'effetto fotoelettrico, che Einstein spiegò nel 1905 in termini di particelle di luce («fotoni») che obbedirebbero al principio di Planck (eq. [2.4]). Come nel caso precedente, i particolari dell'effetto fotoelettrico sono difficili da spiegare con i concetti della fisica classica. Si vede che variando l'intensità della luce incidente cambia il numero di elettroni liberati da un materiale fotoattivo, ma non la loro energia. D'altra parte, aumentando la frequenza della luce aumenta l'energia degli elettroni espulsi. Se la luce è considerata una corrente discreta di fotoni, ed ogni elettrone è spinto fuori dal materiale da un fotone, allora questi fatti si spiegano facilmente. Aumentare l'intensità del raggio significa semplicemente aumentare il flusso di fotoni disponibili, senza però alterare l'energia dei singoli fotoni, che resta fissata dalla frequenza secondo la formula di Planck. Quindi vengono espulsi elettroni in numero maggiore, ma ciascuno con la stessa energia di prima. Se invece aumenta la frequenza, i fotoni hanno energia per colpire gli elettroni più duramente, il che spiega la maggiore energia degli elettroni liberati.

I lavori di Planck e Einstein mostravano che l'elettromagnetismo di Maxwell fallisce a livello atomico, e deve essere sostituito da una nuova teoria «quantistica» della radiazione. Questa conclusione ha evidentemente implicazioni per quanto riguarda la struttura dell'atomo, e più in generale, il comportamento della materia. Per esempio, perché gli atomi emettono e assorbono la luce solo in pacchetti discreti di energia?

I primi passi importanti nell'applicare le idee quantistiche alla materia furono compiuti dal danese Niels Bohr, il quale nel 1913 ipotizzò che, così come per la relazione di Planck l'energia di un fotone può assumere solo certi valori definiti, allo stesso modo l'energia di un elettrone atomico fosse ristretta a certi livelli fissati. Finché l'elettrone rimane in uno di questi livelli non irradia: la radiazione viene emessa o assorbita solo quando l'elettrone salta da un livello a un altro. Bohr fornì per questi livelli di energia una formula che è in ragionevole accordo con le osservazioni. La formula richiede l'esistenza di uno stato di energia minima («stato fondamentale»), al di sotto del quale l'elettrone non può scendere, assicurando quindi la stabilità dell'atomo contro il collasso.

Se l'elettrone salta da un livello di energia E_1 a uno più basso di energia E_2, verrà emesso un fotone di frequenza ν, dove

$$h\nu = E_1 - E_2. \qquad [2.7]$$

Poiché per la formula di Bohr i possibili valori di E_1 ed E_2 sono ristretti a certi livelli fissati dell'energia, è chiaro che anche la frequenza ν della luce emessa potrà assumere solo certi valori definiti. In un gas ci sarà tutto un insieme di transizioni fra molti livelli differenti di energia, quindi ci saranno molte frequenze permesse che formeranno una successione di valori discreti. Queste frequenze appaiono nello spettro come una successione ordinata di righe nitide.

Nonostante il successo della teoria di Bohr nello spiegare gli aspetti essenziali degli spettri atomici, queste idee erano alquanto artificiose, e non fornivano una spiegazione completa del comportamento dell'atomo. In particolare, non era affatto chiaro perché gli atomi dovessero avere dei livelli di energia definiti, o che cosa impedisse agli elettroni di irradiare quando si trovavano in questi livelli.

Il comportamento degli elettroni atomici è davvero molto strano se lo si considera dal punto di vista delle leggi classiche della meccanica di Newton. Le leggi di Newton devono essere quindi sostituite, a livello atomico, con un nuovo sistema chiamato «meccanica quantistica». Questo passaggio fu completato, dopo una decina d'anni, da Erwin Schrödinger, Werner Heisenberg e altri. La nuova meccanica quantistica risultò essere ben più di una migliore teoria degli atomi. Si trattava niente di meno che di una rivoluzione fondamentale della fisica, con conseguenze di portata addirittura superiore a quelle della teoria della relatività.

2.4 *L'incertezza insita nella materia*

Prima dell'avvento della fisica quantistica era possibile immaginare che le particelle microscopiche, a livello atomico, differissero dai corpi macroscopici, come le palle da biliardo, solo per le dimensioni. Il modello atomico di Rutherford, anche se più complesso rispetto alla concezione originale greca, poteva comunque essere pensato in termini di corpuscoli materiali in moto attorno al nucleo lungo orbite ben definite nello spazio, con un'energia e una quantità di moto anch'esse ben definite.

Approfondendo la ricerca, i fisici videro che la materia apparentemente concreta dell'esperienza quotidiana si dissolve, a livello atomico, per dar luogo a configurazioni spettrali di energia vibrante, prive di forma e sostanza distinte. Molti degli attributi usuali dei corpi materiali, quali la posizione, il moto e la rotazione, diventano vaghi o addirittura privi di senso nel contesto atomico. L'imperio della legge macroscopica, pietra miliare della scienza così ben esemplificata dalla meccanica di Newton con le sue rigide regole di causa ed effetto, cede il campo alla ribellione subatomica. Apparentemente le particelle vanno e vengono senza un motivo preciso, zigzagando imprevedibili, in modo non ben definito e confuso, in una sorta di 'gabbia di matti' quantistica, dove il senso comune è rovesciato e il mondo pare quello di Alice nel Paese delle Meraviglie. In qualche modo è però necessario costruire, partendo da questo guazzabuglio, una teoria ordinata della materia subatomica.

La proprietà caratteristica del microcosmo quantistico è l'indeterminazione. Laddove in fisica classica il moto di un corpo materiale è completamente determinato dalla conoscenza delle forze agenti su di esso e di certe condizioni iniziali (del tipo: da dove è partito? in quale direzione si muoveva?), a livello atomico la predicibilità fallisce.

Un modo per esplorare questa indeterminazione del mondo microscopico è quello di immaginare un esperimento nel quale si cerchi di seguire con precisione il percorso di una particella, per esempio un elettrone. Per prima cosa è necessario individuare la posizione dell'elettrone, usando per esempio un potentissimo microscopio (fig. 2.4). Ma tutti

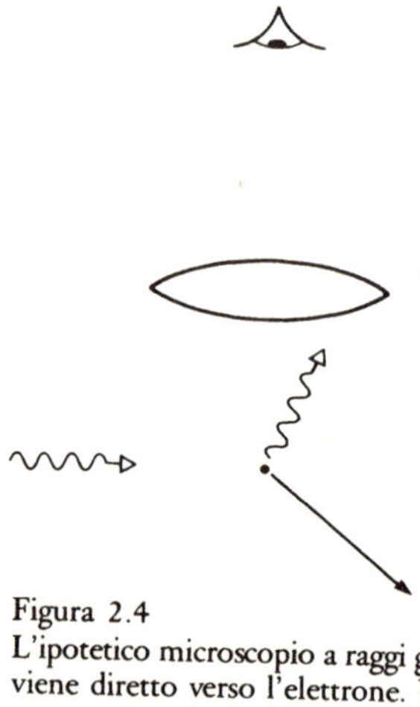

Figura 2.4
L'ipotetico microscopio a raggi gamma di Heisenberg. Un fascio di raggi gamma viene diretto verso l'elettrone. Un singolo fotone del fascio collide con l'elettrone e viene deviato attraverso la lente a formare un'immagine avente una risoluzione limitata. L'elettrone viene a sua volta deviato, in modo non completamente predicibile.

i microscopi, per il fatto di avere dimensione finita, producono immagini leggermente sfocate. Il problema nasce perché le onde luminose risultano distorte quando vengono 'strizzate' attraverso l'obiettivo (un effetto noto come «diffrazione»). L'immagine migliore si ottiene usando lenti grandi e illuminando il soggetto con lunghezze d'onda piccole. È impossibile scorgere dettagli più piccoli della lunghezza d'onda della luce utilizzata. Dal momento che si suppone l'elettrone praticamente puntiforme, per tentare di localizzarlo con la migliore precisione dovremo usare le onde più corte disponibili. Le onde elettromagnetiche più corte sono i raggi gamma, e così questo apparecchio (del tutto immaginario) è di solito chiamato «microscopio di Heisenberg a raggi gamma», dal nome del suo ideatore.

Quando un raggio gamma urta l'elettrone, questo riceve una spinta, e così il semplice fatto di illuminarlo per rilevarne la posizione disturberà il suo moto. Qui entra in gioco la natura quantistica dei raggi gamma, perché l'entità del contraccolpo dipende dalla lunghezza d'onda. Le relazioni di Planck, equazioni [2.5] e [2.6], ci dicono che l'energia del raggio gamma non può essere inferiore a hc/λ, né la sua quantità di moto a h/λ. Più piccola è la lunghezza d'onda λ, maggiori sono l'energia e la quantità di moto del raggio gamma e più grosso è il colpo che può dare.

La violenza del colpo non sarebbe un problema se potessimo determinare la nuova velocità e direzione dell'elettrone colpito. Ma qui incontriamo una nuova difficoltà: dovremmo conoscere l'angolo secondo il quale il raggio gamma deviato dall'elettrone entra nel microscopio. Il guaio è che tutto quello di cui possiamo essere sicuri è che il raggio gamma è passato attraverso le lenti da qualche parte: la sua traiettoria è sconosciuta. E, d'altra parte, abbiamo costruito noi stessi le lenti più grandi possibile per avere un'immagine nitida.

Ci troviamo quindi davanti a una scelta. Possiamo ridurre l'effetto colpo sull'elettrone usando onde lunghe, e possiamo stimare meglio il disturbo usando lenti piccole, ma allora l'immagine è molto sfocata e non siamo più sicuri di dove l'elettrone sia realmente. Altrimenti possiamo cercare di ottenere un'immagine nitida e quindi di localizzare l'elettrone con maggiore precisione, ma solo a costo di usare grandi lenti e corte lunghezze d'onda, il che ci lascia alquanto incerti riguardo alla velocità dell'elettrone. In ogni caso ci sarà una specie di mercanteggiamento tra posizione e velocità. È impossibile determinarle ambedue con precisione nel corso della stessa misura.

Non si deve dedurre da questo esempio che l'indeterminazione sia in qualche modo legata alla rozzezza del procedimento sperimentale. Il microscopio a raggi gamma è solo un esempio di come si potrebbe tentare di seguire il cammino di un elettrone. Ogni altro dispositivo soffrirebbe degli stessi problemi. Il problema non nasce dal modo in cui si cerca di osservare l'elettrone, ma da un'indeterminazione insita nella natura. Non è solo che non siamo capaci di determinare posizione e velocità dell'elettrone nello stesso momento. Piuttosto, il fatto è che l'elettrone non possiede i due attributi contemporaneamente. È semplicemente privo di senso attribuire al medesimo istante posizione e velocità a un elettrone. E quello che vale per gli elettroni è vero anche per le altre particelle subatomiche e subnucleari, e per interi atomi. L'indeterminazione quantistica affligge tutti gli abitanti del microcosmo.

L'indeterminazione di cui si parla può essere precisata quantitativamente. Indicando la posizione di una particella con x e la sua quantità di moto con p, abbiamo

$$\Delta x \Delta p \gtrsim h, \qquad [2.8]$$

dove Δx e Δp indicano l'intervallo di indeterminazione dei valori di x e p. Il segno $\gtrsim$ significa 'maggiore di circa...', cioè il prodotto delle due indeterminazioni vale almeno circa h (costante di Planck). Quindi se Δx è piccolo, Δp è grande e viceversa. L'espressione [2.8] è nota come «principio di indeterminazione di Heisenberg».

A causa del principio di indeterminazione non è possibile attribuire a una particella quantistica un percorso o una traiettoria ben definiti. Nel mondo macroscopico siamo abituati a vedere i corpi che tracciano percorsi geometrici nello spazio. Un pianeta descrive un'ellisse intorno al Sole, un proiettile segue una parabola fino al bersaglio. Mai dubitiamo che il punto d'arrivo della particella di materia sia collegato in modo continuo al punto di partenza da un percorso distinto che passa per i punti intermedi. Tuttavia, nel mondo microscopico non ci sono traiettorie così ben definite. Per seguire un percorso geometrico un elettrone dovrebbe avere in ogni punto una posizione e una direzione del moto (legata al vettore quantità di moto), il che non è permesso. La strada fatta per andare dal punto di partenza a quello di arrivo è per forza di cose vaga e imprecisa: l'attività dell'elettrone è come diffusa nello spazio. In definitiva, è fondamentalmente sbagliato pensare che l'elettrone atomico giri intorno al nucleo come un pianeta intorno al

Sole. Dovremmo piuttosto immaginare la sua attività come un qualcosa di diffuso intorno al nucleo in una nuvola di indeterminazione.

Non solo la posizione e la quantità di moto sono soggette all'indeterminazione quantistica. Tutte le quantità dinamiche divengono sfocate e indistinte nel mondo microscopico. Un'altra importante relazione lega tra loro l'indeterminazione dell'energia e quella del tempo:

$$\Delta E \Delta t \gtrsim h. \qquad [2.9]$$

L'espressione [2.9] ci dice che l'energia E di un sistema è soggetta a una indeterminazione non minore di ΔE per una durata di tempo inferiore a Δt. Su periodi relativamente lunghi, ΔE può essere piccolo e l'energia è ben definita, ma per periodi brevi l'energia è alquanto indeterminata. Questo vuol dire che il principio di conservazione dell'energia, una delle leggi fondamentali della fisica classica, nella fisica quantistica può essere violato. Per un breve intervallo di tempo Δt l'energia può essere 'presa in prestito'. Per avere un'idea dei valori con cui si ha a che fare prendiamo $\Delta t = 10^{-18}$ s, che è all'incirca il tempo impiegato dalla luce per attraversare un atomo. Sostituendo $h = 6{,}6 \times 10^{-34}$ Js nell'espressione [2.9] otteniamo $\Delta E \approx 10^{-15}$ J, che è circa cento volte più grande dell'energia di legame per un elettrone atomico medio. Nel seguito spiegheremo come questo prestito di energia venga impiegato con esiti anche drammatici.

2.5 *Onde e particelle*

Abbiamo visto che l'ipotesi del fotone implica che le onde elettromagnetiche possano talvolta comportarsi come particelle. Viceversa, oggetti come gli elettroni, che normalmente ci raffiguriamo come particelle, possono comportarsi in modo indeterminato come se fossero diffusi nello spazio. Nel 1924 il fisico francese Louis de Broglie suggerì che questa attività diffusa associata con le particelle di materia avesse proprietà 'ondulatorie'. Propose che le onde associate ad esempio con un elettrone dovessero avere una lunghezza d'onda λ, legata alla quantità di moto p dalla stessa relazione valida per i fotoni (cfr. eq. [2.6]):

$$p = h/\lambda. \qquad [2.10]$$

L'idea di «onde di materia» sembra, a prima vista, altrettanto bizzarra di quella di «particelle di luce» relativa all'ipotesi dei fotoni, ma già negli anni venti la congettura di de Broglie ebbe conferme sperimentali da lavori eseguiti negli Stati Uniti da Clinton Davisson e in Gran Bretagna da George P. Thomson, figlio di quel J. J. Thomson che aveva scoperto l'elettrone. In questi esperimenti, dei raggi di elettroni venivano diretti su superfici metalliche che li diffondevano. Si vide che la diffusione presentava aspetti che di solito sono caratteristici della propagazione di onde, come l'interferenza (vedi il seguito). Oggi, le onde elettroniche sono un fenomeno definitivamente accettato, e le loro proprietà sono utilizzate in numerose applicazioni pratiche.

Il fatto che fotoni, elettroni e altri oggetti quantistici possano comportarsi sia come particelle che come onde è una sfida al senso comune. È impossibile visualizzarli in tutti e due i modi contemporaneamente. I fisici parlano di «dualismo» onda-corpuscolo per descrivere questa unione, apparentemente paradossale, di proprietà.

Per bizzarra che sia la natura ibrida dell'onda-corpuscolo, è del tutto lecito ammettere che un oggetto possa avere tutti e due gli aspetti, purché ciò non porti a risultati contraddittori. In questo senso un buon test è fornito dal cosiddetto esperimento delle due fenditure, eseguito per la prima volta, all'inizio del secolo scorso, da Thomas Young, egittologo e fisico inglese.

L'apparato sperimentale è schematizzato nella figura 2.5. Una piccola sorgente di luce illumina due strette fenditure ravvicinate praticate in uno schermo opaco, e le immagini di queste vengono proiettate su un secondo schermo. A prima vista si può immaginare che le immagini debbano consistere in due strisce di luce parzialmente sovrapposte. Quello che invece si osserva è un disegno regolare di strisce chiare e scure. Queste strisce sono chiamate «frange di interferenza» e dimostrano in modo convincente la natura ondulatoria della luce. Si ha interferenza quando le onde uscenti da una fenditura si sovrappongono a quelle uscenti dall'altra. Quando le onde arrivano in accordo di fase si rinforzano e danno luogo a una zona illuminata; dove invece arrivano in opposizione si elidono l'una con l'altra e ne risulta una zona scura.

Se ora ricordiamo la natura quantistica della luce ci troviamo di fronte a conseguenze bizzarre. Se la luce è fatta di particelle (fotoni), come si possono produrre le frange di interferenza? Si potrebbe pensare che queste si formino come risultato di una sorta di cospirazione tra molti

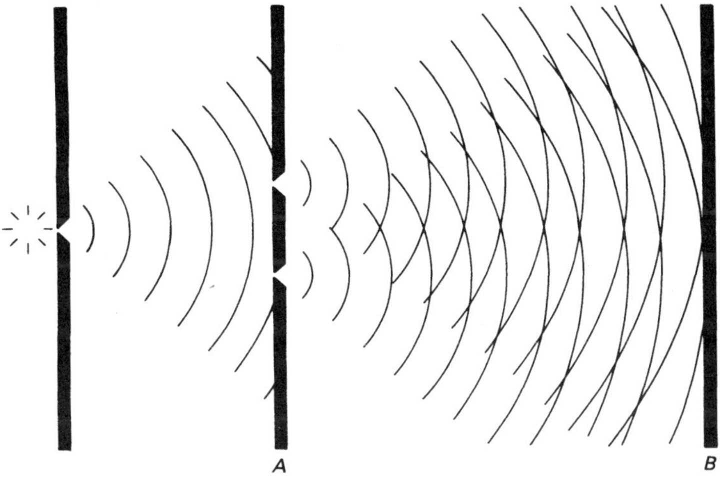

Figura 2.5
Onde o particelle? In questo esperimento elettroni o fotoni provenienti dalla sorgente passano attraverso due aperture ravvicinate praticate nello schermo *A* e vanno a colpire lo schermo *B*, dove la loro frequenza di arrivo viene registrata. La figura che ne risulta, con i suoi massimi e minimi, è indizio di fenomeni ondulatori di interferenza.

fotoni, che come per tacita intesa confluirebbero nelle zone illuminate. Per studiare questa possibilità si può diminuire l'intensità della sorgente fino a che un solo fotone alla volta passi attraverso il dispositivo sperimentale. Supponiamo di sostituire lo schermo dove si forma l'immagine con una lastra fotografica. Ogni singolo fotone che arriva sulla lastra lascia una traccia sul materiale fotosensibile. Non c'è dubbio che, quando raggiunge la lastra, il fotone è una particella con un ben definito punto di arrivo. I fotoni arrivano uno alla volta. Pian piano la struttura delle frange di interferenza emerge, ora una macchiolina qua ora una là, dai singoli eventi fotonici. Dunque, anche se i fotoni attraversano il sistema separatamente, tutti insieme riescono a produrre l'interferenza.

Ed ecco il mistero. Le frange sono dovute a interferenza tra onde che escono da ambedue le fenditure. Eppure noi immaginiamo che un fotone debba passare attraverso l'una o l'altra. Sembra davvero improbabile che una particella si espanda, passi attraverso tutt'e due le fenditure e quindi, compiacente, si concentri nuovamente in un punto sullo schermo. Ma se veramente il fotone passa per una sola fenditura, come fa a 'sapere' dell'altra in modo da contribuire alla figura d'interferenza?

Un modo di rispondere a questa domanda è di ricordare che le particelle quantistiche non hanno traiettorie ben definite nello spazio. Talvolta conviene pensare a ciascuna particella come a un qualcosa che possiede un'infinità di traiettorie differenti, ognuna delle quali contribuisce al suo comportamento. L'insieme di queste traiettorie, o cammini, si dirama attraverso tutti e due i passaggi e contiene l'informazione di entrambi. Così la particella può tener conto di quello che succede in una regione dello spazio. L'indeterminazione del suo comportamento le permette di 'sentire' molte strade differenti.

Supponiamo che un fisico astuto metta dei rivelatori di fronte a ciascuno dei fori per accertare in anticipo verso quale dei due si stava dirigendo un particolare fotone. Non potrebbe allora bloccare improvvisamente l'altro foro senza che il fotone 'lo sappia', lasciando il suo moto inalterato? Se si analizza la situazione tenendo conto del principio di indeterminazione di Heisenberg, si vede che la natura supera in astuzia il fisico furbacchione. Perché se egli misura la posizione del fotone con accuratezza sufficiente a discernere verso quale foro sta dirigendosi, il moto ne risulta talmente disturbato che la figura di interferenza scompare. Il solo fatto di voler determinare la traiettoria del fotone fa sì che la cooperazione tra i due fori scompaia. Solo se accettiamo di non guardare il percorso del fotone, la sua 'conoscenza' delle due possibile strade si manifesterà.

L'esperimento della doppia apertura esemplifica chiaramente la dicotomia onda-corpuscolo, perché l'aspetto ondulatorio e quello particellare si manifestano entrambi nello stesso esperimento. Tuttavia, questi aspetti appaiono come complementari. Quando vengono rivelati, i fotoni si comportano come particelle, ma la loro propagazione nello spazio viene descritta da un'onda. Si noti che non siamo obbligati a fare una scelta tra onda e particella; è evidente che nei fotoni i due aspetti coesistono pacificamente. Non siamo in grado di evidenziare un conflitto tra le due proprietà a causa della naturale indeterminazione associata al principio di Heisenberg: alcuni esperimenti sui fotoni ne rivelano il comportamento da particelle, altri quello da onde.

Anche con gli elettroni è possibile fare un esperimento del tipo di quello delle due fenditure, e si ottengono risultati analoghi ai precedenti: il comportamento da onda e quello da corpuscolo forniscono spiegazioni complementari delle osservazioni.

Il fatto che ogni elettrone o fotone contribuisca alla figura di interferenza indipendentemente dagli altri significa che la figura è un autentico 'effetto statistico'. A causa dell'indeterminazione insita nel moto delle particelle quantistiche, il punto di arrivo di un particolare elettrone o fotone non è predeterminato. Potrebbe andare dovunque. Tuttavia è più facile che vada a finire in una striscia luminosa. In altri termini, ha una probabilità più grande di colpire lo schermo all'interno di una frangia chiara. Quando si ha a che fare con miliardi di particelle le fluttuazioni statistiche si compensano, e vediamo una figura regolare.

A questo punto il significato delle onde associate con la materia è un po' più chiaro. Non stiamo parlando di un'«onda di materia», o di null'altro di tangibile fisicamente, ma di un'«onda di probabilità». Significa che l'onda si manifesta attraverso le sue proprietà statistiche, determinando la probabilità della posizione della particella. Infatti, l'ampiezza dell'onda in un punto dello spazio è una misura della probabilità di trovare una particella in quel punto.[1] Dove l'onda è più intensa, lì è più facile trovare la particella. Sotto questo aspetto le onde di materia sono un po' come le 'ondate di criminalità', che non sono fatte di oggetti o di sostanza materiale, ma danno una misura del luogo e della frequenza di un certo tipo di evento. Se un'ondata di criminalità attraversa una città, c'è una maggiore probabilità che vengano commessi delitti. Allo stesso modo, se un'onda di materia attraversa una regione dello spazio, c'è un'alta probabilità che vi si trovi una particella.

La natura ondulatoria delle particelle quantistiche offre immediatamente la possibilità di risolvere i misteri dell'atomo. Se gli elettroni si comportano come onde, non possono più essere descritti tramite le leggi di Newton, come abbiamo fatto nel paragrafo 2.3. Se un elettrone è confinato in un atomo delle dimensioni di circa 10^{-10} m, il principio di indeterminazione [2.8] ci dice che la quantità di moto sarà indeterminata almeno di $h/10^{-10} = 6{,}6 \times 10^{-24}$ kg m/s. La massa dell'elettrone è di 9×10^{-31} kg, quindi l'indeterminazione della sua velocità è all'incirca $(6{,}6 \times 10^{-24})/(9 \times 10^{-31}) \approx 10^{7}$ m/s, che è maggiore della velocità orbitale nel vecchio modello planetario, calcolata con le leggi

[1] A rigore l'ampiezza dell'onda di materia in un punto è un numero complesso ψ. La quantità $|\psi|^2$ rappresenta la probabilità di trovare la particella in quel punto.

di Newton. Inoltre l'equazione [2.10] mostra che la lunghezza d'onda associata a questo valore della quantità di moto è comparabile con le dimensioni dell'atomo. Chiaramente, le proprietà ondulatorie della materia avranno una profonda influenza sulla struttura atomica.

La nuova teoria della meccanica quantistica aveva il compito di sostituire le leggi di Newton, che da due secoli dominavano incontrastate. Idee strane, come la dualità onda-corpuscolo e l'indeterminazione, dovevano essere incorporate a livello fondamentale. Il passo decisivo fu compiuto verso la metà degli anni venti quando Schrödinger scrisse un'equazione che descrive il moto delle onde di materia e Heisenberg sviluppò una descrizione differente, ma equivalente dal punto di vista matematico, dei processi quantistici. All'interpretazione della nuova teoria Bohr e Max Born diedero contributi importanti.

Sarebbe difficile sopravvalutare il successo della meccanica quantistica. Nel giro di pochi anni la teoria spiegò non solo la struttura atomica e le varie caratteristiche degli spettri atomici, ma la natura del legame chimico, le forze interatomiche e molecolari, la struttura dei solidi, l'effetto dei campi elettrici e magnetici sugli atomi, l'emissione e l'assorbimento della luce e delle altre radiazioni elettromagnetiche da parte dell'atomo, e anche qualche aspetto della struttura del nucleo atomico. In anni più recenti ha previsto e spiegato il transistor, il laser, la superconduttività e la superfluidità, il comportamento dei liquidi, le reazioni nucleari, le particelle subatomiche e molti altri fenomeni ancora. Inoltre ha sollevato questioni profonde e ancora irrisolte circa la natura della realtà e il posto dell'osservatore nell'universo. Le limitazioni intrinseche delle misure e la capacità del sistema quantistico di interagire con se stesso mutano radicalmente la tradizionale relazione tra osservatore umano e mondo osservato. La certezza deterministica della meccanica di Newton deve essere sostituita con la casualità probabilistica della meccanica quantistica, e anche se le manifestazioni di questa indeterminazione, insita nella natura, sono ristrette soprattutto al mondo microscopico, le implicazioni della rivoluzione quantistica hanno un significato che non è esagerato definire 'cosmico'.

2.6 *Onde di elettroni e livelli di energia dell'atomo*

Le proprietà ondulatorie degli elettroni hanno successo immediato nello spiegare l'esistenza di livelli di energia discreti negli atomi, come richiesto dalla teoria di Bohr. Questi livelli possono essere considerati l'analogo delle «onde stazionarie» nelle corde vibranti, o delle note (frequenze) caratteristiche degli strumenti musicali. La configurazione dell'onda nello stato fondamentale dell'atomo corrisponde alla nota fondamentale, mentre gli stati eccitati sono simili alle armoniche superiori.

Nella figura 2.6 vediamo le configurazioni assunte da una corda tesa tra due estremità fisse (per esempio una corda di chitarra) nel caso di vibrazione stazionaria. La forma d'onda (*a*) è la più comune. Si tratta del «modo» più basso o fondamentale, e può essere facilmente ottenuto pizzicando la corda nel mezzo. Le altre configurazioni corrispondono a modi di vibrazione nei quali la corda produce delle armoniche; le loro frequenze sono multipli esatti della frequenza fondamentale. (In sistemi più complicati i modi normali non stanno tra loro in relazione numerica così semplice.) Questi modi di vibrazione producono forme d'onda per le quali in certi punti della corda, chiamati «nodi», l'ampiezza è nulla. Per esempio, in (*b*) il centro della corda è un nodo. In generale, quando si pizzica una corda verranno eccitati molti modi che si sovrappongono.

Quello che più ci interessa riguardo ai modi di vibrazione di una corda è che le frequenze possibili sono ristrette a un insieme discreto. Nel caso in esame queste frequenze sono determinate dalla densità, tensione e lunghezza della corda. Questa proprietà è condivisa da tutte le onde stazionarie, si tratti di vibrazioni delle corde, di onde sonore nei tubi o nei solidi, di microonde in cavità riflettenti o di altre ancora.

Nel caso di un elettrone atomico, possiamo immaginare che la sua onda circondi il nucleo, intrappolata dal campo elettrico di questo. L'onda avrà certi modi di vibrazione e le frequenze permesse formeranno un insieme discreto. La relazione di Planck (eq. [2.4]) lega tra loro frequenza ed energia del fotone, ma ha validità del tutto generale. Quindi, il fatto che l'onda stazionaria dell'elettrone possa avere solo frequenze fissate, appartenenti a un insieme discreto, implica che anche l'energia dell'elettrone deve essere ristretta a un insieme discreto di valori. Questi corrispondono ai livelli di energia dell'atomo. Risolvendo l'equazione d'onda

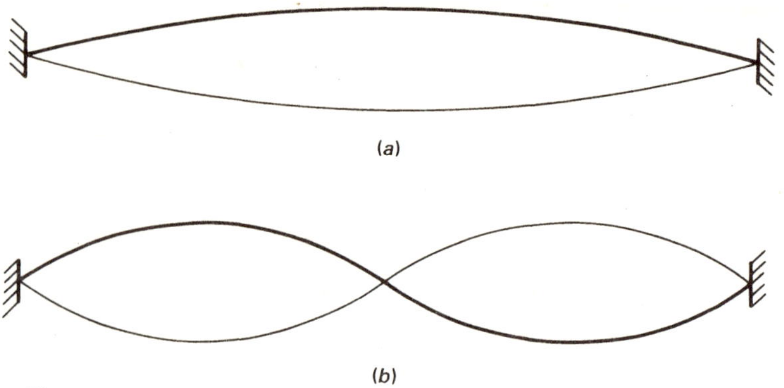

Figura 2.6
Onde stazionarie. Una corda di chitarra che vibra descrive una figura semplice: (*a*) forma della vibrazione corrispondente all'emissione della nota fondamentale (la più bassa); (*b*) questa forma dà luogo a una nota che è più alta di un'ottava rispetto al caso (*a*). Pizzicando la corda a caso si otterrà una sovrapposizione delle due forme, e anche di armoniche superiori.

di Schrödinger si possono calcolare le frequenze permesse, quindi i livelli di energia, per qualsiasi tipo di atomo.

Il caso più semplice è quello dell'atomo d'idrogeno: come per la corda vibrante, c'è una relazione numerica semplice tra le frequenze permesse, e quindi tra i livelli di energia. Il calcolo mostra che i livelli di energia sono tutti frazioni semplici dello stato fondamentale, e precisamente formano la successione 1, 1/4, 1/9, ..., cioè $1/n^2$, dove n prende tutti i valori interi 1, 2, 3, ... La formula così ottenuta riproduce esattamente i valori ricavati da Bohr con il suo modello 'ad hoc' nel 1913, prima della nascita di una teoria quantistica completa. Solo non considera alcuni piccoli effetti dovuti alla relatività, all'interazione dell'elettrone con il proprio campo magnetico e con quello del nucleo, e altre lievi correzioni.

Siamo ora in grado di spiegare due fatti importanti. Primo, la natura discreta degli spettri atomici: quando un elettrone è in un dato livello d'energia, si trova in uno stato stazionario. Non può, mentre gira intorno al nucleo, irradiare una quantità arbitraria di energia in un'onda elettromagnetica: dovrebbe infatti ridurre la propria energia della medesima quantità, mentre solo certi valori dell'energia sono permessi, quelli corrispondenti ai livelli dell'atomo. Se ne deduce che l'elettrone può irradiare solo se emette un 'pacchetto' di energia che lo faccia trasferire in uno dei livelli più bassi. Quindi l'atomo emette un quanto di luce (fotone) dotato della particolare energia corrispondente alla differenza tra i due livelli. Per l'equazione [2.4] questo fotone avrà una ben definita frequenza.

Anche l'esistenza delle serie di righe spettrali viene spiegata facilmente. Un elettrone può arrivare a un dato livello (per esempio G in fig. 2.7) con una transizione verso il basso a partire da tutta una successione di livelli eccitati 1, 2, 3, ... Con la meccanica quantistica si possono anche calcolare le «probabilità relative» di queste transizioni e quindi predire le «intensità relative» delle corrispondenti righe spettrali: una transizione molto probabile avrà luogo in un gran numero di atomi e produrrà molta luce, a quella frequenza.

Il secondo fenomeno che siamo ora in grado di spiegare è la stabilità dell'atomo. Nella descrizione classica un elettrone è libero di scendere a spirale sempre più vicino al nucleo, irradiando senza limite. Nella descrizione quantistica ciò non è possibile. Proprio come in una corda di chitarra c'è una frequenza più bassa di tutte le altre (quella mostrata in fig. 2.6*a*), così intorno all'atomo c'è un'onda stazionaria di energia minima. Questo livello di energia è lo stato fondamentale, e quelli superiori sono gli stati eccitati.

L'esistenza di uno stato fondamentale di energia minima è una conseguenza immediata del principio di indeterminazione. Minore è l'energia di un elettrone, più questo si deve avvicinare al nucleo; ma il confinamento in prossimità del nucleo induce una forte indeterminazione nella quantità di moto, il che significa che probabilmente la particella ha una grande velocità. Quando l'elettrone è abbastanza vicino al nucleo, l'energia cinetica associata con questa velocità bilancia quella persa nell'avvicinarsi al centro di attrazione. Non è quindi possibile ridurre ulteriormente l'energia totale, e si ha uno stato fondamentale. In parole povere, l'indeterminazione quantistica fornisce una specie di compensazione che impedisce agli elettroni di cadere sul nucleo.

In condizioni normali un atomo sarà nello stato fondamentale: tutti gli elettroni avranno il valore di energia più basso possibile. Questo stato è stabile. L'atomo può passare ad uno stato eccitato, per esempio se viene irradiato con fotoni; uno o più elettroni possono compiere allora una transizione verso l'alto fino a un livello energetico superiore. Poco

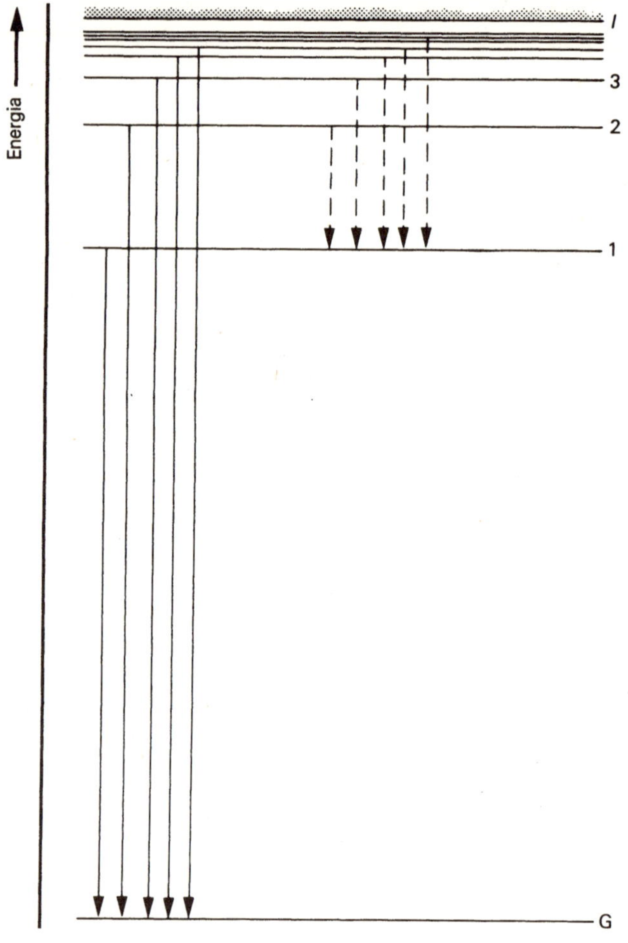

Figura 2.7
Livelli di energia dell'atomo. I livelli orbitali dell'atomo di idrogeno formano una semplice successione di energie. G è il livello fondamentale (il più basso), sopra al quale il primo livello eccitato, il secondo, il terzo, ... (indicati con 1, 2, 3, ...) convergono verso *I*, l'energia alla quale l'elettrone si stacca e l'atomo diventa ionizzato. Al di sopra di questo livello l'elettrone si può muovere liberamente con energia qualunque (zona grigia). Le frecce indicano transizioni da un livello all'altro, ciascuna delle quali corrisponde all'emissione di un fotone. La semplice successione dei livelli si riflette nella semplice successione di linee che si vedono nello spettro dell'idrogeno (fig. 2.2). C'è una successione di transizioni (rappresentate da frecce) per ciascun livello; la figura ne mostra solo due.

dopo ogni elettrone ritornerà al livello più basso con emissione di un fotone. La meccanica quantistica permette di calcolare quanto tempo è probabile che richiedano i processi di eccitazione e decadimento, quindi la probabile durata dei diversi stati. Molti stati eccitati durano solo una minuscola frazione di secondo.

In un atomo, i livelli permessi sono in numero illimitato, ma si infittiscono alle energie più elevate (fig. 2.7). Se un elettrone riceve un'energia sufficiente può saltarli direttamente tutti quanti e fuggire dall'atomo, un processo questo chiamato «ionizzazione». Non ci sono difficoltà a calcolare l'energia necessaria per ionizzare, ad esempio, l'atomo di idrogeno a partire dallo stato fondamentale, e la teoria predice il valore sperimentale con grande precisione.

Nella figura 2.8 vediamo l'andamento della probabilità per l'elettrone nello stato fondamentale dell'atomo di idrogeno. Si noti che essa non è mai zero tranne che nell'origine. Ricordando che la curva rappresenta la probabilità di trovare l'elettrone a una particolare distanza

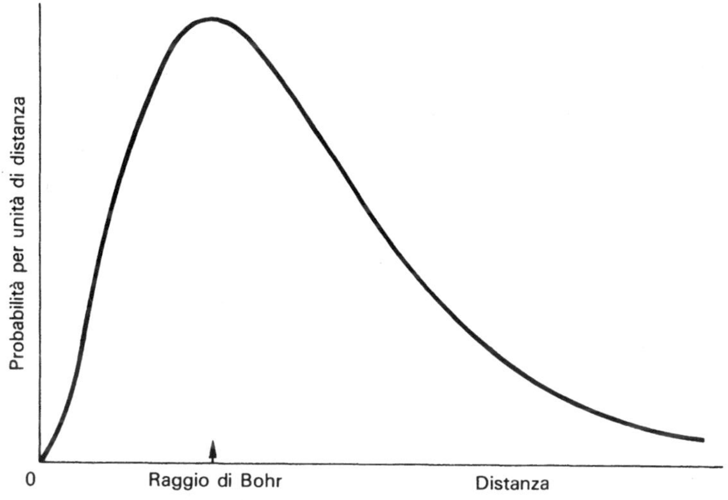

Figura 2.8
Onda di probabilità per un elettrone atomico. Questo grafico mostra una sezione radiale per un atomo di idrogeno nello stato fondamentale, corretta per tener conto della geometria sferica in modo tale che il profilo della curva dia la probabilità relativa di trovare l'elettrone a una data distanza dal nucleo.

dal nucleo, vediamo che nella teoria quantistica l'elettrone non gira intorno al nucleo a una distanza fissata, come fa la Terra intorno al Sole. C'è una probabilità finita di trovare l'elettrone nelle immediate vicinanze del nucleo o molto lontano da esso. La curva ha un massimo piuttosto pronunciato in corrispondenza alla posizione più probabile (che, secondo il calcolo detto prima, si trova a una distanza dal centro di $0{,}53 \times 10^{-10}$ m) e scende molto rapidamente verso lo zero all'aumentare della distanza. Naturalmente, in linea di principio sarebbe possibile trovare l'elettrone addirittura nei paraggi della Luna, ma con una probabilità astronomicamente piccola.

Come abbiamo già osservato, l'indeterminazione insita nella posizione dell'elettrone rende incerta la sua configurazione angolare. Non è possibile dire in che direzione l'elettrone è 'visto' dal nucleo, tranne che nel senso di una probabilità di localizzazione. Nello stato fondamentale dell'atomo d'idrogeno l'elettrone si può trovare con uguale probabilità in qualunque direzione rispetto al nucleo, così che è addirittura impossibile dire se gira in senso orario o antiorario. In effetti, il momento angolare di questo stato risulta essere nullo, il che è del tutto impossibile in meccanica newtoniana. Ciò vuol dire che in questo caso non ha poi molto senso raffigurarsi l'elettrone come qualcosa che gira intorno al nucleo. Possiamo immaginare che l'elettrone nello stato fondamentale non sia più soggetto alla forza centrifuga. Quello che gli impedisce di cadere nel nucleo è solo l'indeterminazione quantistica, che pareggia l'attrazione elettrica.

Dobbiamo ancora spiegare un'importante proprietà dell'atomo. Fino ad ora l'immagine che ne abbiamo è quella di un nucleo circondato da una nuvola di elettroni accatastati in una pila di livelli di energia definiti. I livelli più bassi (di minore energia) sono occupati da elettroni che orbitano nelle vicinanze del nucleo, i livelli più alti sono più lontani. Possiamo pensare a una successione di «gusci» posti l'uno dentro l'altro. Come abbiamo detto prima, un elettrone che si trova in uno dei livelli (gusci) esterni è instabile perché può rapidamente emettere un fotone e saltare giù verso uno dei livelli inferiori. Sembrerebbe allora che la nuvola di elettroni debba cadere come un castello di carte fino al livello più basso. Tuttavia la chimica dimostra che gli elettroni non se ne stanno tutti allo stesso livello, ma sono distribuiti in parecchi gusci. Per spiegare questo fatto, dobbiamo tornare alla teoria della relatività.

2.7 *Meccanica quantistica e relatività*

Nonostante i grandi successi cui condusse l'applicazione dell'equazione di Schrödinger, fu chiaro fin dall'inizio che questa aveva un difetto fondamentale. Proprio come le leggi di Newton, l'equazione di Schrödinger è incompatibile con la teoria della relatività ristretta: non si trasforma nel modo giusto tra sistemi di riferimento diversi. Questo difetto si manifesta nel modo in cui l'equazione di Schrödinger mette in relazione energia e quantità di moto. Il legame tra lunghezza d'onda e frequenza implica che sia $E = p^2/2m$ per una particella libera di massa m. Questa è la relazione newtoniana tra energia e quantità di moto, da confrontare con l'equazione [1.9] che è la sua corrispondente relativistica. Come nella meccanica newtoniana, così nella meccanica quantistica questo difetto ha poca importanza se i corpi in esame si muovono lentamente, ma abbiamo già visto che gli elettroni negli atomi si muovono a una velocità che è una frazione non trascurabile di quella della luce. Si ha a che fare con particelle subatomiche veloci anche nei raggi cosmici, nelle emissioni radioattive e negli acceleratori di particelle.

Dal punto di vista matematico, il difetto si presenta come un'asimmetria tra il modo in cui lo spazio ed il tempo compaiono nell'equazione di Schrödinger. Correggere questa asimmetria, e porre spazio e tempo sullo stesso piano, significa scrivere un'equazione d'onda con le corrette proprietà di trasformazione relativistiche e che sia, per di più, in accordo con l'equazione [1.9]. Questo può essere fatto in due modi: correggendo la parte temporale per farla apparire simile a quella spaziale, o viceversa. La prima modifica è più facile e porta a un'equazione d'onda che è molto simile a quella di un'onda elettromagnetica, tranne che per la presenza di un termine di massa. Il secondo metodo è più difficile e implica l'introduzione di un oggetto matematico completamente nuovo, chiamato «spinore», nella parte di equazione che viene modificata. La ragione di questa modifica ha a che fare con la geometria e con il fatto che lo spazio ha tre dimensioni mentre il tempo ne ha una sola. L'equazione che viene fuori, scoperta nel 1928 da Paul Dirac, è di tipo assolutamente nuovo e produsse immediatamente alcuni risultati nuovi e curiosi.

In un certo senso l'equazione di Dirac è come la 'radice quadrata' della solita equazione d'onda, e così genera non l'equazione [1.9], ma la sua radice quadrata

$$E = \sqrt{m_0^2c^4 + p^2c^2}. \qquad [2.11]$$

Tuttavia, la parte destra dell'equazione [1.9] ha due radici quadrate, una l'opposto dell'altra. Dunque l'equazione

$$E = -\sqrt{m_0^2c^4 + p^2c^2}, \qquad [2.12]$$

nella quale E è negativa, è perfettamente compatibile con la [1.9], e inevitabilmente compare tra le soluzioni dell'equazione di Dirac. Sembrerebbe che Dirac abbia trovato un'equazione che insieme alla materia ordinaria descrive materia con energia negativa. Ritorneremo su questo fatto nel paragrafo 3.5.

Un altro aspetto nuovo che emerge dall'equazione di Dirac è che le particelle da essa descritte possiedono una sorta di moto interno, chiamato «spin intrinseco» o semplicemente «spin». Come il nome suggerisce (in inglese il termine significa «rotazione»), questa proprietà è una specie di momento angolare che la particella possiede sempre, anche quando è a riposo.

Anche se lo spin quantistico ci fa pensare alla rotazione della Terra, ha alcuni aspetti del tutto privi di un analogo macroscopico. Per esempio, se si fa ruotare l'asse di spin di 360°, la particella non torna al suo stato originario. Bisogna ruotarlo due volte (cioè di 720°) prima che questo avvenga. In un certo senso gli esseri umani percepiscono solo metà dell'universo in cui si muove una particella di Dirac, perché non sono in grado di distinguere una rotazione di 360° da due rotazioni.

Un'altra singolare proprietà dello spin, che poi è valida in generale per qualunque rotazione in meccanica quantistica, è che il suo asse non può avere una direzione arbitraria. Se si fa un esperimento per misurare la percentuale di particelle che hanno spin in una data direzione, si trova che lo spin può essere solo «verso l'alto» o «verso il basso», senza possibilità intermedie. Si può variare la direzione scelta a piacere ma, ogni qualvolta si fanno misure, si avrà solo l'uno o l'altro risultato. Quindi le particelle di Dirac hanno livelli di spin discreti, molto simili ai livelli discreti di energia.

Oltre alla direzione, anche i valori che lo spin può assumere sono fissati. In unità di misura del momento angolare, una particella di Dirac deve avere spin uguale a $h/4\pi$. Per semplificare le formule i fisici usano spesso, al posto di h, la costante $h/2\pi$, che viene indicata con il simbolo $\hbar$. Assumendo questa costante come unità di misura, la particella di Dirac viene ad avere spin 1/2. Nel seguito useremo spesso questa notazione.

Se la particella ha una carica elettrica, la rotazione darà luogo a un campo magnetico interno perché, detto alla buona, la carica che ruota può essere pensata come una corrente circolare (anche se la particella non è veramente un corpo esteso rotante). Le equazioni mostrano che è proprio così, ma a causa della peculiarità dello spin il campo magnetico risulta essere il doppio di quello che sarebbe se l'elettrone fosse davvero una piccola sfera rigida rotante. Questo valore doppio è strettamente legato alla natura doppia dello spin, quale si manifesta nelle rotazioni di 360°, e mostra in modo ancor più evidente che lo spin intrinseco non ha un analogo classico.

Proseguendo questa analisi divenne presto chiaro che l'equazione di Dirac descrive correttamente il comportamento degli elettroni. La struttura degli spettri atomici aveva già da tempo suggerito che ci dovesse essere una sorta di spin intrinseco, causa di piccoli effetti che l'equazione di Schrödinger non era in grado di spiegare adeguatamente. Per esempio, un elettrone che orbita in un atomo genera un campo magnetico, che interagirà con il campo magnetico causato dallo spin intrinseco; in altri termini, l'elettrone si comporta come un minuscolo ago magnetico, e tenta di orientarsi rispetto al campo magnetico dovuto al proprio moto orbitale. Siccome lo spin è quantizzato, la sua direzione può essere parallela o antiparallela al campo orbitale. C'è un vantaggio energetico nel disporsi in direzione opposta a quella del campo, perché i poli magnetici nord e sud si attraggono. Di conseguenza, tra gli elettroni che hanno spin in un verso o nell'altro c'è una differenza di energia, piccola ma misurabile. Difatti si osserva, negli spettri atomici, uno sdoppiamento delle righe, la cosiddetta «struttura fine», che costituisce una conferma diretta dell'esistenza di uno spin intrinseco (fig. 2.9).

Utilizzando l'equazione di Dirac, i fisici furono in grado di ricalcolare i livelli di energia dell'atomo includendo gli effetti relativistici. Si tenne conto non solo della struttura fine e dello spin, ma anche di effetti come la variazione di massa dell'elettrone dovuta alla velocità orbitale. In atomi semplici, come l'idrogeno, la precisione dei risultati previsti dall'equazione di Dirac è davvero formidabile. Possono essere calcolati

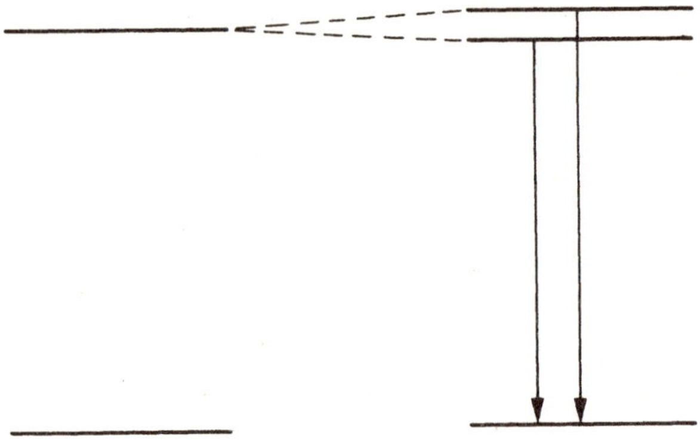

Figura 2.9
La struttura fine. L'elettrone rotante è un minuscolo magnete, e l'accoppiamento con il campo magnetico generato dal suo moto orbitale può scindere i livelli di energia in due. La scissione causa la struttura fine delle linee spettrali; si osservano cioè due linee ravvicinate al posto di una.

e misurati perfino i minuscoli effetti dovuti all'interazione tra il campo magnetico del nucleo e lo spin dell'elettrone. Rimangono delle discrepanze tra i livelli di energia calcolati e quelli misurati, ma così piccole da rappresentare solo un decimilionesimo dell'energia di legame dell'elettrone. Dopo la seconda guerra mondiale, esse sono state spiegate e calcolate correttamente nell'ambito della teoria quantistica dei campi. Questo argomento verrà svolto nel paragrafo 4.1.

Ci si può chiedere se non sia possibile mettere insieme milioni di elettroni in moto coerente e con gli spin tutti nella stessa direzione; in tal caso nulla vieterebbe di costruire un oggetto macroscopico con le strane proprietà delle particelle di Dirac. Nel 1925 Wolfgang Pauli enunciò un principio fondamentale che impedisce agli elettroni di agire di concerto in un'onda di materia macroscopica. Il «principio di esclusione», come viene chiamato, stabilisce che due elettroni non possono occupare lo stesso stato quantistico.

Un'applicazione immediata del principio di Pauli è la spiegazione del modo in cui sono organizzati gli elettroni atomici. Come abbiamo già detto, c'è da spiegare perché in un atomo in condizioni normali gli elettroni non si affollano tutti nel livello più basso. Il fatto è che, per il principio di Pauli, in quel livello può stare un solo elettrone. O meglio, ce ne possono stare due, se si tiene conto delle due possibili direzioni dello spin. Una volta che questo livello è riempito, ogni altro elettrone si deve accomodare in un livello superiore. Per questa ragione gli elettroni (cfr. p. 66) si accatastano gli uni sopra gli altri in una successione di gusci via via più grandi.

Le strane proprietà delle particelle di Dirac sono molto importanti anche per la comprensione delle proprietà elettriche e termiche dei solidi. Il principio di Pauli ha conseguenze fondamentali per le proprietà statistiche degli insiemi costituiti da molti elettroni, all'interno di metalli e semiconduttori; molte applicazioni pratiche sono possibili solo grazie a questi effetti. Le proprietà elettriche di questi materiali possono essere influenzate anche da altri effetti relativistici, connessi con rapide deviazioni degli elettroni verso i nuclei di metalli pesanti. In questo modo la teoria della relatività invade il mondo dell'ingegneria pratica.

Ricordiamo che l'equazione di Dirac era solo una delle due possibile modificazioni relativistiche dell'equazione d'onda di Schrödinger. L'altra è nota come «equazione di Klein-Gordon», dal nome dei fisici Oskar Klein e Walter Gordon che la studiarono. L'equazione di Klein-Gordon non contiene soluzioni che descrivano lo spin intrinseco. Come vedremo nei prossimi paragrafi, vi sono molti tipi differenti di particelle subatomiche. Molte di queste hanno spin 1/2 come l'elettrone e sono descritte correttamente dall'equazione di Dirac, ma non tutte. Se ne conoscono di quelle che non possiedono spin, ed è a queste che si applica l'equazione di Klein-Gordon.

Se pensiamo al fotone come a una particella, dalle equazioni di Maxwell si vede che esso ha spin 1, cioè il doppio di quello dell'elettrone. Inoltre, se la meccanica quantistica è una proprietà generale della natura, si deve poter applicare a tutte le forze, compresa la gravità. La teoria quantistica della gravitazione ha tuttora una formulazione insoddisfacente, ma nulla vieta di supporre che, proprio come ci sono i fotoni, esistano i «gravitoni», quanti di onde gravitazionali. Il motivo per cui non li possiamo osservare è che la gravità è così debole. Questi gravitoni possono essere pensati come particelle senza massa che si muovono alla velocità della luce e obbediscono alle equazioni [1.10] e [2.4]. Inoltre si può dimostrare che hanno spin intrinseco uguale a 2, cioè il doppio di quello del fotone e il quadruplo di quello dell'elettrone.

Le proprietà peculiari delle particelle di Dirac – come il fatto che la componente dello spin in una qualunque direzione possa assumere solo due valori – non sono condivise dal fotone, dal gravitone o dalle particelle che soddisfano l'equazione di Klein-Gordon. In effetti tutte le particelle possono essere divise in due classi ben distinte: quelle con spin semintero, come l'elettrone che ha spin 1/2, e quelle con spin intero (o zero), come il fotone. Le prime sono chiamate «fermioni» in onore di Enrico Fermi, le seconde «bosoni» dal nome del fisico indiano Satyendra Nath Bose.

Fermioni e bosoni hanno proprietà molto differenti: per esempio, il principio di Pauli si applica solo ai fermioni. Fotoni o gravitoni, infatti, possono associarsi fino ad avere un comportamento ondulatorio coerente a livello macroscopico. Proprio per questa ragione elettromagnetismo e gravitazione sono campi macroscopici classici conosciuti da tempo, mentre le onde di materia associate ai fermioni (ad esempio gli elettroni) non si manifestano su scala macroscopica.

Capitolo 3
All'interno del nucleo

Il lavoro di Rutherford e dei suoi collaboratori permise di determinare l'architettura dell'atomo nei suoi aspetti fondamentali. La divisione dell'atomo in un nucleo più uno sciame di elettroni orbitali prefigurò una divisione della fisica in due campi: fisica atomica e fisica nucleare. La fisica atomica si sarebbe occupata del comportamento degli elettroni, ponendosi in stretta collaborazione con la chimica, con la fisica dello stato solido e con l'ottica. Le forze con cui si ha a che fare in fisica atomica sono puramente elettromagnetiche, e le energie sono piccole se paragonate a quelle dell'uso quotidiano. Al contrario, la fisica del nucleo aprì la porta di nuovo mondo di particelle e forze, un mondo nel quale le energie hanno valori tipici milioni di volte più grandi di quelli che si incontrano in fisica atomica. La fisica nucleare ha portato non solo l'energia nucleare, ma anche la chiave del segreto della luce del Sole e dell'evoluzione delle stelle.

3.1 *La forza nucleare di legame*

La fisica nucleare nacque con la scoperta della radioattività da parte di Becquerel, ma una comprensione appropriata del nucleo fu possibile solo con l'avvento della meccanica quantistica.

La tavola periodica contiene un centinaio di elementi. Gli elementi più pesanti sono anche quelli con la maggiore carica nucleare. Questa carica elettrica (positiva) risulta essere sempre un multiplo esatto della carica del nucleo di idrogeno (l'elemento più leggero), che è eguale ma opposta alla carica dell'elettrone che definisce l'unità fondamentale di carica (negativa). Le masse nucleari non soddisfano a una relazione numerica così semplice, ma alcuni nuclei leggeri sono approssimativamente multipli interi della massa del nucleo di idrogeno.

Già da sole queste semplici proprietà statistiche suggerivano che i nuclei fossero corpi composti, con il nucleo dell'idrogeno nel ruolo di mattone fondamentale. Questa ipotesi fu confermata nel 1919 quando Rutherford e colleghi riuscirono a identificare nuclei di idrogeno separatisi da nuclei più pesanti in seguito a bombardamento con particelle alfa.

Il nucleo dell'idrogeno ordinario si chiama «protone». Tutti i protoni sono identici tra loro e hanno una massa che è circa 1836 volte quella dell'elettrone. Sono fermioni, cioè hanno spin 1/2 e obbediscono al principio di esclusione di Pauli. Inoltre possiedono un campo magnetico.

La successione degli elementi chimici può essere ora spiegata in relazione al numero di protoni contenuto nel nucleo. L'elio ha due protoni, il litio tre, il berillio quattro e così via, fino all'uranio con 92 protoni. Il più pesante degli elementi a tutt'oggi conosciuti ha 106 protoni.

Se i nuclei contenessero solo protoni, le loro masse dovrebbero essere multipli di quella dell'idrogeno negli stessi rapporti delle rispettive cariche. Invece le masse nucleari sono da due volte a due volte e mezzo più grandi, il che significa che i nuclei contengono anche altre particelle che sono elettricamente neutre. Nel 1932 James Chadwick bombardò nuclei di berillio con particelle alfa e riuscì a separare queste particelle, che sono chiamate «neutroni». I neutroni hanno spin 1/2 (sono fermioni) e sono leggermente più pesanti dei protoni, un fatto questo non privo d'importanza.

Neutroni e protoni sono chiamati anche «nucleoni», e costituiscono i nuclei di tutti gli atomi. Si consideri, per esempio, il nucleo dell'ossigeno, costituito da otto protoni e otto neutroni. La carica è 8 e la massa circa 16, uguale al numero totale di nucleoni. I nuclei leggeri contengono all'incirca un uguale numero di protoni e neutroni, mentre quelli pesanti contengono un eccesso di neutroni che spiega il rapporto più alto tra carica e massa. Nella figura 3.1 vediamo un grafico del numero di neutroni N in funzione del numero di protoni Z (detto anche «numero atomico»).

Se il numero di protoni del nucleo determina le proprietà chimiche dell'atomo, il numero di neutroni ha invece poca importanza dal punto di vista della chimica, anche se naturalmente influenza il peso atomico.

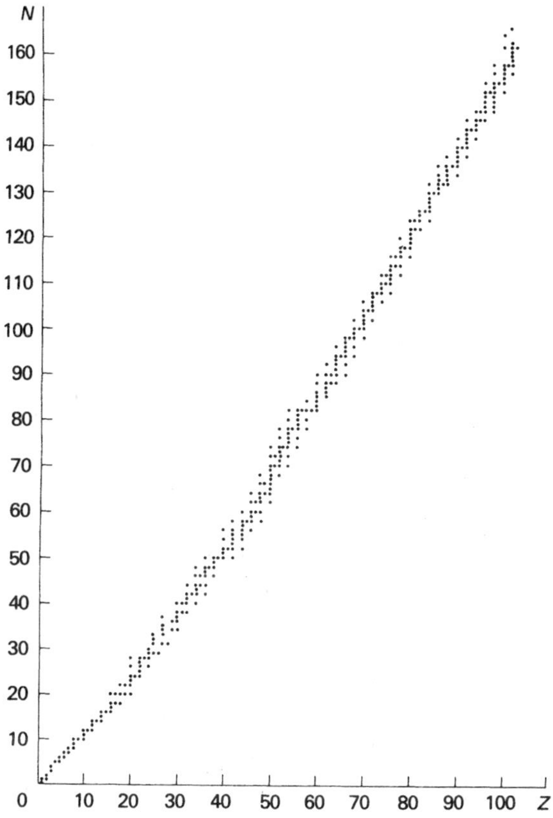

Figura 3.1
Nuclei stabili rispetto al decadimento beta. Nei nuclei leggeri si ha $N \approx Z$; i nuclei più pesanti contengono neutroni in proporzione maggiore.

Un'analisi accurata dell'ossigeno terrestre rivela che circa lo 0,2 per cento contiene dieci neutroni e lo 0,04 per cento ne contiene nove. Questi sono chiamati «isotopi». Tutti gli elementi hanno più di un isotopo, anche se di solito quelli stabili sono solo due o tre. L'elemento più leggero, l'idrogeno, ha un isotopo stabile detto «deuterio», con un nucleo composto da un protone e un neutrone (detto «deuterone»). Il deuterio pesa più o meno il doppio dell'idrogeno ordinario, e lo si trova in piccole quantità nell'acqua di mare.

Se il nucleo atomico è un oggetto composito, deve esserci una forza attrattiva che lega i nucleoni tra loro. E questa forza deve essere abbastanza potente da vincere la repulsione elettrica tra i protoni, che è molto intensa a causa della legge [1.4] dell'inverso del quadrato della distanza. La gravità è troppo debole per poter fornire questa attrazione. Bisogna dunque ammettere l'esistenza di una forza fondamentale del tutto nuova, una specifica «forza nucleare».

Oltre ad essere intensa, la forza nucleare ha anche un raggio d'azione molto breve, come è stato dimostrato dagli esperimenti di diffusione di Rutherford. In effetti, la forza svanisce molto velocemente alla distanza di circa 2×10^{-15} m. Una comoda unità di lunghezza in fisica nucleare è il fermi, abbreviato in fm, uguale a 10^{-15} m. Il raggio d'azione della forza nucleare è quindi di circa 2 fm.

Ulteriori informazioni sulla forza nucleare si possono ricavare dallo studio delle dimensioni dei nuclei. Il volume di un nucleo risulta essere all'incirca proporzionale al numero di nucleoni che contiene, il che vuol dire che la materia nucleare ha densità più o meno costante. Ciò è confermato da esperimenti nei quali elettroni veloci vengono sparati nell'interno di nuclei, permettendo di costruire un'immagine della loro struttura interna. Questi fatti suggeriscono che la forza nucleare abbia un raggio d'azione inferiore alla dimensione del nucleo, e agisca quindi solo tra nucleoni vicini.

La configurazione di forze all'interno del nucleo è influenzata da un altro importante parametro, la massa nucleare. Misure accurate rivelano che la massa del nucleo è sempre leggermente più piccola della somma delle masse dei nucleoni componenti presi isolatamente. Questo disavanzo è spiegato dalla teoria della relatività. Nel paragrafo 1.5 abbiamo visto che massa ed energia sono legate dall'equazione di Einstein $E = mc^2$. La forte interazione nucleare fa sì che i nucleoni siano saldamente legati tra loro. Allontanare un nucleone dal nucleo richiederebbe una grande quantità di energia. Abbiamo quindi l'utile concetto di «energia di legame»: se prendessimo dei nucleoni separati e li riunissimo in un nucleo, l'energia di legame verrebbe liberata e si porterebbe via una certa quantità di massa. Ed è proprio la massa associata con l'energia di legame a rendere conto della massa nucleare mancante.

In fisica nucleare l'energia viene espressa di solito in milioni di elettronvolt o MeV, dove $1\ \text{MeV} = 10^6\ \text{eV} = 1{,}60 \times 10^{-13}$ J. Questa energia ha una massa di $1\ \text{MeV}/c^2 = 1{,}78 \times 10^{-29}$ kg. Di solito il fattore c^2 è sottinteso e si usa il MeV per esprimere sia l'energia che la massa. In queste unità di misura:

massa del protone = 938,28 MeV

massa del neutrone = 939,57 MeV

massa dell'elettrone = 0,511 MeV.

Per energie ancora più grandi si usa il GeV (giga-elettronvolt = 10^9 eV).

Per illustrare il concetto di energia di legame, consideriamo il nucleo dell'ossigeno con otto protoni e otto neutroni (O^{16}). La massa di questi sedici nucleoni presi separatamente è di 15 023 MeV, ma la massa del nucleo dell'ossigeno è di soli 14 895 MeV, con un deficit di 128 MeV, equivalente alla massa di 250 elettroni e a circa l'1 per cento della massa nucleare. Questa è l'energia che sarebbe liberata nella costruzione del nucleo. Vediamo allora che le forze nucleari possono generare energie enormemente più grandi di quelle ottenibili con reazioni chimiche, che sono dell'ordine di 1 eV.

Tenendo conto del fatto che l'O^{16} contiene sedici nucleoni, l'energia di legame per nucleone è di circa 8 MeV. Il grafico della figura 3.2 mostra l'energia di legame per nucleone in tutti i nuclei. Un aspetto sorprendente è che questa energia è approssimativamente costante, con un valore di circa 8 MeV per nucleone, salvo che per i nuclei più leggeri.

È facile trovare una spiegazione per questo fatto. Supponiamo che, al contrario di quello che si verifica, la forza nucleare esercitata da ogni nucleone abbia un raggio abbastanza grande da comprendere l'intero nucleo. Allora ciascun nucleone sarebbe preso nella morsa di tutti gli altri nucleoni presenti. In un nucleo con N nucleoni ci sarebbero $N - 1$ legami per nucleone. Se così fosse, l'energia di legame per nucleone crescerebbe con N. I nucleoni appartenenti a nuclei pesanti sarebbero legati ben più saldamente di quelli nei nuclei leggeri, perché ci sarebbero molti più legami.

Come si vede dalla figura 3.2, in realtà l'energia di legame per nucleone decresce lentamente nei nuclei più pesanti, e infatti nuclei molto pesanti come l'uranio sono instabili. Questo avviene perché la forza nucleare in realtà agisce solo fra nucleoni vicini. Che il nucleo sia pesante o leggero, quindi, un nucleone medio è sempre tenuto fermo più o meno dallo stesso numero di suoi colleghi. L'unica eccezione si ha per i nuclei più leggeri di tutti. Per questi il numero di nucleoni è abbastanza piccolo da far sì che la forza di uno agisca su tutti gli altri o sulla maggioranza di essi, e quindi la forza di legame per nucleone cresce con la massa del nucleo. Ecco perché la curva della figura 3.2 ha un'impennata in prossimità dell'origine.

Un'ultima considerazione degna di nota, relativa alle masse nucleari, riguarda i cosiddetti «nuclei speculari», cioè coppie di nuclei in ciascuno dei quali il contenuto di protoni e neutroni è invertito rispetto all'altro. Un esempio di coppia di nuclei speculari è dato da He^3 e H^3. Il

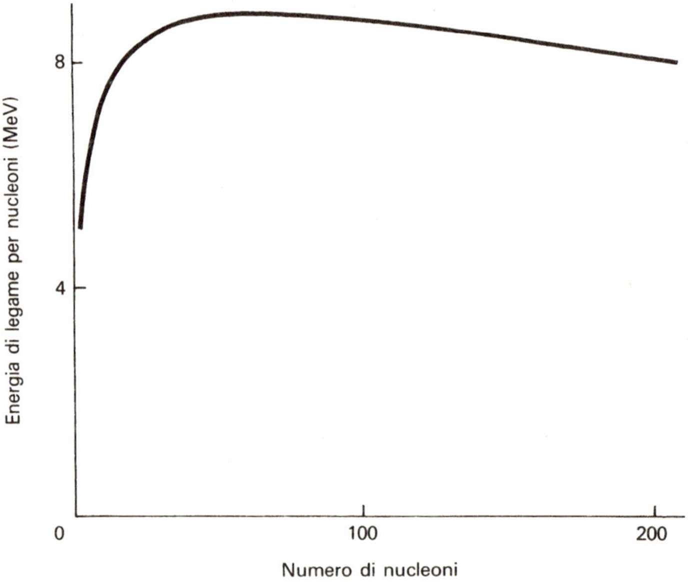

Figura 3.2
L'energia di legame dei nuclei. Questo grafico riporta l'energia necessaria per estrarre un nucleone da ciascuno dei nuclei conosciuti. Per un buon tratto essa è praticamente costante, indicando che le forze di legame sono all'opera solo tra nucleoni vicini. I nuclei molto leggeri sono legati debolmente a causa dello scarso numero di vicini per ogni nucleone; quelli molto pesanti sono legati meno saldamente di quelli intermedi per via di una più forte repulsione coulombiana. Perciò la fusione di nuclei leggeri e la fissione di nuclei pesanti generano entrambe nuclei legati più saldamente, e si libera quindi energia.

primo è un isotopo dell'elio che contiene due protoni e un neutrone, il secondo è un isotopo instabile dell'idrogeno chiamato «trizio», con un protone e due neutroni. Se si tiene conto della differente energia elettrica, si vede che gli atomi speculari hanno energie di legame praticamente identiche, il che significa che la forza nucleare lega protoni e neutroni con eguale intensità. Questa uguaglianza è anche confermata dagli esperimenti di diffusione neutrone-protone e protone-protone.

Il carattere della forza nucleare, a corto raggio e agente solo tra nucleoni vicini, è del tutto diverso dalla repulsione elettrica tra i protoni, che è a lungo raggio e agisce attraverso tutto il nucleo. Quindi, per quello che riguarda le forze elettriche, la repulsione aumenta con il crescere del numero di protoni. In linea di massima, mentre un protone nucleare rimane attratto dallo stesso numero di vicini, viene respinto elettricamente da un numero sempre maggiore di altri protoni. D'altra parte, la forza nucleare può chiedere assistenza ai neutroni; questi non risentono della repulsione elettrica ma contribuiscono all'attrazione. Per questa ragione i nuclei pesanti contengono una percentuale maggiore di neutroni: essi aiutano a contenere la repulsione elettrica più intensa.

Tuttavia, vedremo che c'è un limite al numero di neutroni che possono essere impiegati per cementare il nucleo con questo sistema. Pertanto, nei nuclei pesanti la competizione tra le varie forze in gioco diventa quasi alla pari, e si ha instabilità. Ne risulta il fenomeno della radioattività.

3.2 *Fissione nucleare e radioattività alfa*

Il nucleo atomico è un sistema molto complicato che non è ancora capito a fondo in tutti i dettagli. Tuttavia alcuni aspetti generali possono essere descritti in modo soddisfacente mediante modelli. Uno dei più utili si basa sull'analogia tra il nucleo e una goccia di liquido, e fornisce una semplice spiegazione dell'instabilità dei nuclei pesanti.

È noto che una gocciolina di liquido è mantenuta relativamente stabile dalla tensione superficiale, che tende a farla contrarre in una forma sferica. Le gocce più grosse tendono a tremolare e a frammentarsi, soprattutto se perturbate da forze esterne. La tensione superficiale nasce dal fatto che le molecole d'acqua vicino alla superficie sono legate tra loro meno strettamente di quelle all'interno del liquido. Per capire il meccanismo, immaginiamo di voler togliere una molecola dalla goccia. Per staccarla dalle sue vicine spenderemo minore energia nel caso di una molecola di superficie che in quello di una molecola che si trova all'interno. Supponiamo allora che una molecola interna venga portata alla superficie: è necessario compiere lavoro per vincere le forze di legame. Quindi l'energia totale della goccia è minima quando è minimo il numero delle molecole superficiali, e dunque l'acqua tende a ritirarsi nella forma con minore area di superficie, appunto la sfera.

Nel caso del nucleo, la forza di attrazione nucleare genera un'analoga tensione superficiale, che tenta di tenere il nucleo in forma sferica. Una deformazione aumenta l'energia della superficie. Tuttavia, il nucleo è anche soggetto alle forze di repulsione elettrica fra i protoni, e queste forze tentano di fare esattamente l'opposto della tensione superficiale. C'è un guadagno di energia elettrica nell'allontanamento dalla forma sferica, a causa della legge dell'inverso del quadrato della distanza: i protoni che si vengono a trovare in un rigonfiamento sono più lontani dal centro del nucleo. C'è insomma una competizione tra tensione superficiale e forze elettriche. Nei nuclei piccoli e leggeri ci sono relativamente pochi protoni, le tensioni superficiali vincono contro gli effetti distruttivi delle forze elettriche e il nucleo rimane stabile. Ma nei nuclei pesanti c'è un numero maggiore di protoni e la stabilità è minacciata.

La situazione può essere riassunta in un semplice calcolo. Il volume del nucleo è approssimativamente proporzionale a $N + Z$, il numero totale di nucleoni che contiene. Il raggio e l'area di superficie sono dunque rispettivamente proporzionali a $(N + Z)^{1/3}$ e $(N + Z)^{2/3}$, e l'energia della superficie è anch'essa proporzionale a $(N + Z)^{2/3}$. D'altra parte l'energia elettrica è proporzionale al numero di coppie di protoni diviso per la loro distanza media, cioè all'incirca $Z^2/(N + Z)^{1/3}$. Per i nuclei pesanti si ha $N \approx 1{,}5\,Z$, quindi le due energie sono proporzionali a $Z^{2/3}$ e $Z^{5/3}$ rispettivamente. Quando Z è grande il secondo termine prevale facendo sì che l'energia totale del nucleo aumenti con Z; cioè l'energia di legame per nucleone diminuisce, come si vede dal lento abbassarsi della curva della figura 3.2.

Tenendo conto delle varie costanti di proporzionalità si può vedere che l'instabilità si manifesta approssimativamente per $Z^2/(N + Z) > 50$, da cui segue $Z > 125$. In altri termini, i nuclei con numero atomico maggiore di 125 hanno un'alta probabilità di andare incontro a «fissione», cioè di frammentarsi in due o più pezzi. In realtà la fissione spontanea si verifica in nuclei considerevolmente più leggeri, a causa dell'effetto tunnel quantistico (di cui parleremo più tardi). In conclusione, il fatto che non esistano nuclei molto più pesanti di quelli con $Z \approx 100$ può essere attribuito semplicemente ad una questione di equilibrio nella competizione tra forza nucleare attrattiva e repulsione elettrica tra protoni.

La fissione indotta è più significativa. Certi nuclei pesanti, come quelli di un isotopo dell'uranio (U^{235}), vanno rapidamente incontro a fissione se sono disturbati dalla cattura di un neutrone. Rompendosi, il nucleo emette nuovi neutroni che a loro volta inducono la fissione in altri nuclei di uranio. Si può quindi verificare una reazione a catena. Poiché i frammenti della fissione sono più leggeri dei nuclei di uranio, rimangono alla sinistra dell'uranio nella figura 3.2, più vicino al massimo della curva, dove l'energia di legame per nucleone è maggiore. Quindi il sistema nucleare nel suo complesso libera energia, e parte di questa energia, che è una quantità notevole, può essere utilizzata. Questo è il principio impiegato nei reattori nucleari e nelle bombe a fissione.

Il meccanismo principale che minaccia di disgregare i nuclei pesanti non è quello della deformazione spontanea, con conseguente fissione approssimativamente simmetrica, ma piuttosto quello del decadimento radioattivo con emissione di particelle alfa. Il decadimento alfa è una particolare forma di fissione, nella quale un nucleo pesante perde solo un piccolo frammento nel tentativo di raggiungere la stabilità. L'emissione di una particella alfa, che consiste di due protoni e due neutroni, può essere spiegata in modo convincente solo come processo quantistico.

Per studiare l'emissione alfa da parte di un nucleo pesante come l'uranio (U^{238}) dobbiamo raffigurarci la particella alfa come un oggetto già formato, che tenta di fuggire dall'interno del nucleo ma è trattenuto dalla forza nucleare. D'altra parte questa forza è a corto raggio, e cesserà di agire se la particella riesce ad allontanarsi a sufficienza dalla superficie del nucleo. Ma la particella alfa è soggetta anche a una forza elettrica repulsiva, che diminuisce solo gradualmente con la distanza. Questa repulsione sarà pertanto la forza dominante oltre le immediate vicinanze della superficie del nucleo, e proietterà la particella lontano. In sostanza, la competizione tra queste due forze fa sì che la particella alfa, per potersi allontanare dal nucleo, debba superare una barriera invisibile.

Il grafico dell'energia potenziale della particella alfa in funzione della distanza dal centro del nucleo ci mostra chiaramente questa barriera. Nella figura 3.3 vediamo appunto la forma generale del 'colle' di energia potenziale. L'altezza della barriera rispetto all'energia all'infinito è di circa 8,8 MeV per l'U^{238}. D'altra parte l'energia della particella alfa è di 4,2 MeV. Non si capisce allora come particelle con un'energia di soli 4,2 MeV possano saltare una barriera di 8,8 MeV.

Il mistero viene risolto nell'ambito della meccanica quantistica. Ricordiamo dalla discussione di pagina 55 che la legge di conservazione dell'energia può essere violata, per brevi intervalli di tempo, secondo il principio di indeterminazione tempo-energia (eq. [2.9]). Per un tempo di circa 10^{-24} s la particella alfa può acquistare energia sufficiente a salire sulla cima del colle, e questo è proprio il tempo necessario per allontanarsi abbastanza dalla superficie del nucleo da sfuggire alla morsa della forza nucleare. Così, al momento di restituire l'energia presa in prestito, si ritrova libera sul pendio esterno e viene spinta via dalla repul-

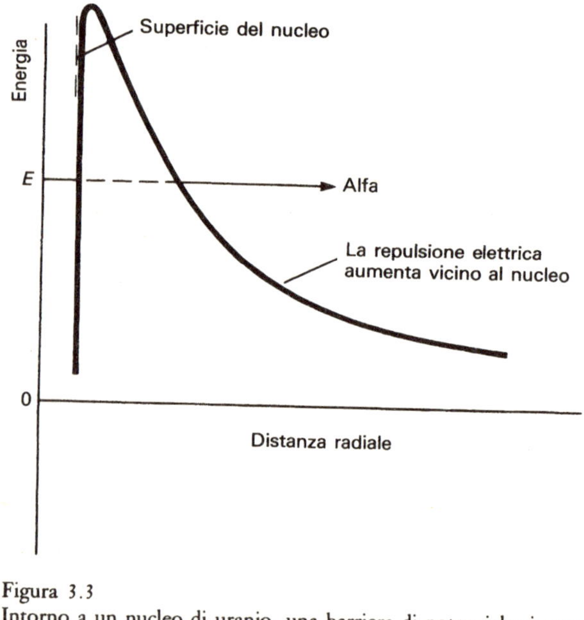

Figura 3.3
Intorno a un nucleo di uranio, una barriera di potenziale si oppone all'emissione di una particella alfa. Il pozzo centrale è dovuto all'attrazione nucleare media di tutti i nucleoni, e il pendio sulla destra alla repulsione elettrica dei protoni. Le particelle alfa con energia E, intrappolate all'interno del pozzo nucleare, possono sempre sfuggire e diventare raggi alfa, grazie all'effetto tunnel quantistico.

sione elettrica. In effetti la particella si comporta come se fosse passata in un tunnel sotto il colle. La capacità delle particelle di attraversare le barriere è un effetto quantistico ben noto, sfruttato in molti apparecchi elettronici.

È effettivamente possibile calcolare, usando un modello semplificato, la probabilità che un nucleo emetta una particella alfa per effetto tunnel. Chiaramente, se l'energia della particella alfa è maggiore, la barriera sarà più bassa e sottile. (L'energia effettiva della particella è determinata dalla struttura interna del nucleo, che discuteremo in seguito.) Nel caso di un nucleo di torio, che contiene 232 nucleoni, ci vogliono in media 14 miliardi di anni prima che una particella alfa di 4 MeV ne sfugga. D'altra parte un nucleo di polonio con 213 nucleoni, che emette particelle alfa con energia che è solo circa il doppio del caso precedente, decade in pochi microsecondi.

La natura quantistica del decadimento alfa spiega perché le sostanze radioattive hanno vite medie caratteristiche. Secondo la concezione quantistica, ogni emissione di una particella alfa è un evento puramente casuale con una probabilità ben determinata. Nel caso dell'uranio, ogni nucleo ha cinquanta probabilità su cento di decadere in circa quattro miliardi e mezzo di anni; quindi, in media, circa la metà dei nuclei di un pezzo d'uranio si saranno disintegrati dopo questo tempo. Del rimanente 50 per cento, una metà decadrà dopo altri quattro miliardi e mezzo di anni, e così via. Ogni quattro miliardi e mezzo di anni il contenuto di uranio si dimezza, perciò questo periodo è detto «tempo di dimezzamento». Mentre un singolo nucleo si può disintegrare in un tempo molto più corto o molto più lungo, il tempo di dimezzamento è un buon modo per misurare il comportamento medio. Il tempo medio impiegato dal nucleo per decadere, o «vita media», è legato al tempo di dimezzamento dalla formula

$$\text{vita media} = \frac{\text{tempo di dimezzamento}}{\ln 2} = \frac{\text{tempo di dimezzamento}}{0{,}693}.$$

La radioattività alfa si verifica in nuclei molto pesanti, al di sopra del piombo (82 protoni). Tuttavia si possono costruire nuclei artificiali radioattivi che sono molto più leggeri, anche se la maggioranza di essi è alquanto instabile. Si tratta di isotopi di elementi stabili ai quali sono stati deliberatamente sottratti dei neutroni, e nei quali il decadimento alfa riequilibra la situazione.

Prima di concludere questo paragrafo sulla disgregazione dei nuclei dovremmo dire due parole sul processo inverso, detto «fusione» nucleare. Esaminando di nuovo il grafico della figura 3.2 vediamo che la pendenza sulla sinistra è più pronunciata di quella sulla destra: nel caso di nuclei leggeri l'energia di legame per nucleone cresce dunque con la massa, cioè quando i nuclei leggeri acquistano nucleoni c'è un guadagno netto di energia che viene liberata nel processo di fusione. Per esempio, se due deuteroni entrano in collisione con velocità sufficiente a vincere la mutua repulsione elettrica, si possono fondere in un He^3 più un neutrone, liberando nel processo 3,2 MeV. Una tale reazione è possibile a temperature sufficientemente alte (svariati milioni di gradi), ed è alla base del funzionamento della bomba all'idrogeno.

La fusione è anche all'origine del funzionamento del Sole e delle stelle. Il nucleo del Sole è un reattore a fusione nel quale l'idrogeno viene pian piano convertito in elio. Alcune stelle generano energia anche producendo carbonio a partire dall'elio, e con altre reazioni alle quali prendono parte nuclei ancora più pesanti. Gli astronomi ritengono che i vari elementi chimici presenti nell'universo si siano formati proprio grazie a questa nucleosintesi stellare (cfr. § 6.6).

3.3 *La radioattività beta*

I nuclei atomici stabili sono situati in una stretta striscia di isotopi lungo la curva della figura 3.1. Abbiamo visto che i nuclei ai quali mancano dei neutroni sono instabili, perché questi sono necessari per cementare il nucleo contro la forza di repulsione dei protoni. Nei nuclei pesanti, dove la repulsione elettrica diventa molto intensa, ci vuole un numero sempre maggiore di neutroni. Dunque i nuclei sono avvantaggiati dall'avere molti neutroni. D'altra parte, il fatto che la striscia degli isotopi stabili sia così stretta dimostra che non ci sono nuclei con un numero arbitrariamente grande di neutroni. Troppi neutroni sono altrettanto inaccettabili che troppo pochi.

La ragione di ciò ha a che vedere con un decadimento radioattivo di tipo completamente differente, chiamato «decadimento beta». Se un neutrone è separato dal nucleo si osserva che è instabile, con tempo di dimezzamento di circa 15 minuti (il decadimento beta, come tutti i fenomeni subatomici, è un processo quantistico). Quando il neutrone decade, si tramuta in un protone, un elettrone e un'altra particella (senza carica) che verrà descritta tra breve. Che cosa possiamo dire di questo fenomeno?

La prima idea che viene in mente è che il neutrone sia in realtà formato da un protone e da un elettrone strettamente uniti, e che quando viene liberato dai confini del nucleo in qualche modo diventi instabile e si disintegri. Tuttavia, questa spiegazione è inaccettabile per varie ragioni. La teoria quantistica dimostra che lo stato elettricamente legato di minima energia del sistema protone-elettrone è lo stato fondamentale dell'atomo di idrogeno. Il confinamento di un elettrone come parte di un neutrone, nel nucleo di un atomo con un diametro di pochi fermi, non solo richiederebbe una forza nuova e più intensa della quale gli esperimenti di diffusione di elettroni da parte di protoni o nuclei non danno alcun riscontro, ma imporrebbe anche che l'elettrone, a causa del principio di indeterminazione, avesse un'energia 40 volte maggiore della sua massa a riposo. Si muoverebbe con una velocità pari al 99,97 per cento della velocità della luce. È difficile pensare che un tale carosello possa aver luogo nel nucleo senza che ne resti un qualche indizio!

C'è poi un'altra ragione per ritenere che il neutrone non possa essere composto da un elettrone e un protone: il neutrone, come le altre due particelle, possiede spin intrinseco 1/2 (cfr. § 2.7), mentre elettrone e protone possono combinare i loro spin solo per dar luogo a spin 1 o 0.

Un modo più esatto di raffigurarsi il decadimento del protone è di pensare che questo scompaia del tutto dall'universo, e che un elettrone e un protone vengano creati dal nulla. Per capire in modo appropriato la creazione e la distruzione di particelle è necessario approfondire il ruolo della relatività e della teoria dei campi nella meccanica quantistica, e questo sarà oggetto di un prossimo paragrafo. Per il momento ci concentreremo sul modo in cui il decadimento del neutrone spiega l'instabilità di nuclei ricchi di neutroni.

Si può costruire un modello matematico del nucleo, in accordo con le leggi quantistiche, analogo al modello dell'atomo di cui abbiamo parlato nel capitolo 2. La differenza è che invece di orbitare intorno a un centro di attrazione più o meno fisso, come avviene per gli elettroni atomici, neutroni e protoni sono mescolati e immersi nei campi di forza nucleare ed elettrica. In più, la forza nucleare non soddisfa alla legge dell'inverso del quadrato della distanza, ma a una molto più complicata, dipendente, oltre che dalla distanza tra i nucleoni, dall'orientazione relativa dei loro spin. Questi aspetti rendono la descrizione matematica del nucleo ben più complessa di quella dell'atomo, e i progressi in questa direzione sono ancora limitati. Tuttavia, alcuni aspetti essenziali sono stati chiariti. In particolare si possono prevedere teoricamente, e si osservano sperimentalmente, livelli di energia simili a quelli degli elettroni atomici.

L'esistenza di livelli di energia è di importanza fondamentale per la struttura e la stabilità del nucleo, per la ragione seguente. Il protone e il neutrone sono fermioni (cfr. p. 72) e sono quindi assoggettati al principio di esclusione di Pauli. Questo significa che una volta che un livello nucleare è pieno non possono entrarvi altri nucleoni; questi debbono accatastarsi nei livelli superiori. Poiché sono particelle differenti, neutroni e protoni si sistemano indipendentemente nei vari livelli.

I nuclei nei quali le cime delle pile di neutroni e protoni sono più o meno allo stesso livello sono stabili rispetto al decadimento beta. Per decadere, un neutrone deve mutarsi in un protone e in un elettrone. L'elettrone, che non è soggetto alla forza nucleare, sarà rapidamente espulso dal nucleo, ma il protone rimarrà e si verrà a trovare in uno dei livelli di energia protonici. Poiché i livelli più bassi sono completi, si dovrà sistemare in cima alla pila, ma in generale l'energia ricavata dalla disintegrazione sarà insufficiente per permettere al protone di raggiungere un livello così elevato. Il decadimento del neutrone non può quindi avvenire per semplice mancanza di energia. Il neutrone 'vorrebbe' decadere, ma è impedito dal farlo dalla legge di conservazione dell'energia.

Nei nuclei che hanno troppi neutroni, la relativa pila sarà più alta di quella dei protoni. C'è allora un vantaggio energetico se un neutrone in cima alla sua pila decade e il protone risultante si piazza in un livello vuoto in cima all'altra. Quando questo avviene, l'elettrone espulso è chiamato «particella beta», e il fenomeno «radioattività beta» (fig. 3.4). Come la radioattività alfa, l'emissione beta cambia la carica elettrica del nucleo e l'equilibrio delle forze nucleari viene perturbato. Con l'acquisto di un nuovo protone il nucleo si colloca più in alto nella lista degli elementi chimici. L'elettrone espulso trasporta una carica uguale e opposta (negativa) che bilancia esattamente la carica del nuovo protone, in accordo con la legge di conservazione della carica elettrica.

L'impossibilità, per più neutroni (e protoni), di accedere ai medesimi livelli energetici fa sì che l'attrazione nucleare netta tra particelle dello stesso tipo sia leggermente diversa da quella tra neutrone e pro-

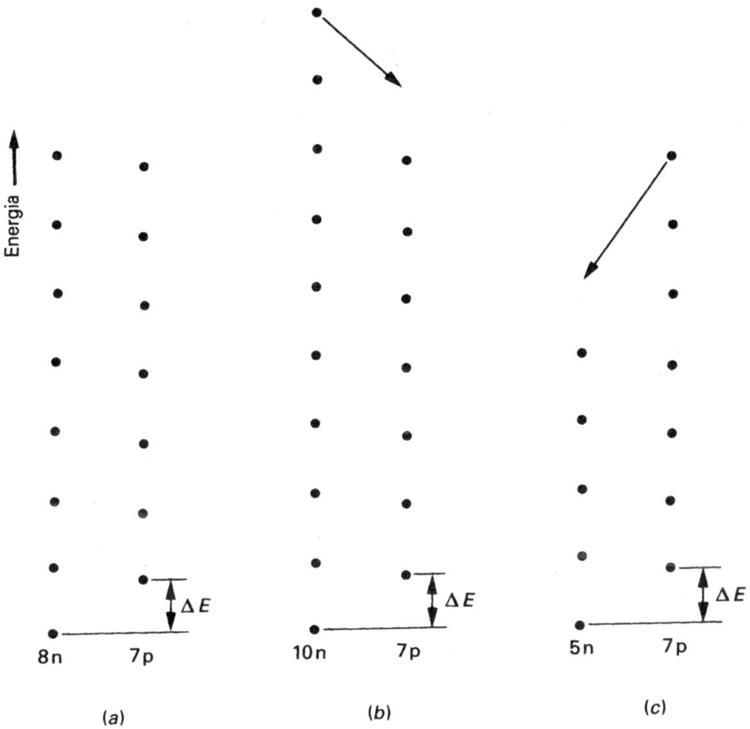

Figura 3.4
La radioattività beta. (*a*) Nucleo stabile (isotopo dell'azoto) nel quale le cime delle pile di neutroni (n) e di protoni (p) sono più o meno allo stesso livello. Il divario ΔE alla base della pila di protoni è dovuto all'energia elettrica, ed è il motivo per cui la maggior parte dei nuclei stabili hanno eventualmente un eccesso di neutroni, piuttosto che di protoni. (*b*) Isotopo instabile dell'azoto contenente troppi neutroni: vi è un guadagno energetico nel convertirne uno in protone per mezzo del decadimento beta (emissione di un elettrone; tempo di dimezzamento: 4,2 s) formando così un isotopo stabile dell'ossigeno. (*c*) Isotopo dell'azoto con eccesso di protoni. Considerazioni energetiche spiegano la conversione di un protone in neutrone per decadimento beta positivo (emissione di un positrone; vita media: 0,011 s) con formazione di un isotopo del carbonio.

tone. In modo molto approssimativo si può dire che un neutrone che tenti di entrare in un livello di energia più basso già riempito verrà respinto dagli altri neutroni che lo occupano. È in virtù di questo effetto che stelle estremamente compatte, quali le «stelle di neutroni», non collassano sotto il loro stesso peso.

A causa di quest'alterazione dell'attrazione nucleare, il bilancio energetico favorisce la formazione di nuclei simmetrici nel numero di protoni e di neutroni, poiché questi nuclei hanno il maggior numero di legami neutrone-protone e il minimo di repulsioni neutrone-neutrone e protone-protone dovuti all'esclusione. Nei nuclei leggeri, dove le forze elettriche sono poco importanti rispetto a questi effetti, troviamo infatti un ugual numero di protoni e neutroni. Per esempio, l'isotopo più abbondante dell'ossigeno ha otto nucleoni dell'uno e dell'altro tipo.

La situazione dei nuclei pesanti è differente. Come abbiamo già detto, un eccesso di neutroni è necessario per combattere l'attrazione elettrica. Questo eccesso si manifesta nel bilancio energetico tra neutroni e protoni nel modo seguente. I livelli di energia dei protoni sono un po' più alti di quelli dei neutroni a causa della maggiore energia necessaria per contrastare la repulsione elettrica. Dunque il fondo della pila di protoni è più alto di quello della pila di neutroni. Dal momento che le cime delle due pile sono più o meno allo stesso livello, questo implica che ci sono più neutroni che protoni. All'aumentare del numero di protoni (e quindi della repulsione elettrica) si raggiungerà un equilibrio tra due necessità contrastanti: da una parte l'aggiunta di un numero sempre maggiore di neutroni per diluire i protoni e contenere la repulsione elettrica, dall'altra il tentativo di pareggiare il numero di neutroni e protoni per godere del suddetto vantaggio della simmetria. Il punto di equilibrio tra queste tendenze opposte determina lo stretto margine di variazione del numero di neutroni che si trovano nei nuclei stabili. Se ci sono troppi neutroni la tendenza verso la simmetria favorisce la conversione di neutroni in protoni per mezzo del decadimento beta. Se ce ne sono troppo pochi, la simmetria richiede il processo inverso: che un protone si tramuti in un neutrone. Può succedere?

Tutti i processi fisici fondamentali possono essere invertiti. Se un neutrone decade in un protone e un elettrone, deve essere possibile la formazione di un neutrone a partire dai prodotti del suo decadimento. Il fatto che il neutrone libero possa decadere dipende dalla circostanza che la sua massa è maggiore di quella del protone e dell'elettrone messi insieme. Il suo decadimendo è insomma un processo 'in discesa', favorito per motivi energetici, secondo la relazione $E = mc^2$. Il processo inverso è 'in salita' e non può avvenire se non viene fornita energia dall'esterno. Questa è una fortuna, perché altrimenti i nuclei dell'idrogeno avrebbero la tendenza naturale a tramutarsi in neutroni e il 90 per cento della materia dell'universo si disintegrerebbe.

Nel nucleo, tuttavia, l'energia nucleare può colmare il deficit. Quando in un nucleo con pochi neutroni un protone si trasforma in neutrone, il vantaggio energetico è più che sufficiente a compensare la differenza di massa tra i due. C'è poi a disposizione un rifornimento di elettroni che orbitano attorno al nucleo, anche se questi sono, ovviamente, molto lontani dalla superficie nucleare. Tuttavia, bisogna sempre tener conto dell'indeterminazione insita nei sistemi quantistici, e quindi c'è una probabilità piccola, ma non trascurabile, che uno degli elettroni più interni si venga a trovare all'interno del nucleo per un breve intervallo di tempo (cfr. p. 65). Se ciò avviene l'elettrone può essere catturato da uno dei protoni nucleari e contribuire alla formazione di un neutrone. Questo processo è particolarmente favorito negli atomi pesanti, dove i nuclei sono grandi e le loro intense cariche elettriche attraggono gli elettroni interni. Più tardi vedremo che c'è un altro tipo di trasmutazione (emissione di un positrone) che permette a un protone di cambiarsi in neutrone.

Illustriamo le precedenti considerazioni con un esempio. Il piombo è un nucleo pesante i cui nuclei contengono 82 protoni e un numero di neutroni che va da 112 a 132. I suoi isotopi stabili sono quattro: quelli che contengono 122, 124, 125 e 126 neutroni. Tutti gli isotopi con un numero inferiore di neutroni (che possono essere creati artificialmente) possono decadere, con la cattura di un elettrone orbitale, in un nucleo di tallio che ha solo 81 protoni. Per esempio, il piombo con 116 neutroni decade in tallio con 117 neutroni, con un periodo di dimezzamento di 2,4 ore. Con 120 neutroni la stabilità è meno minacciata, e il periodo di dimezzamento è di ben 300 000 anni; con 123 neutroni arriva a 30 milioni di anni. Gli isotopi ricchi di neutroni, viceversa, decadono con l'emissione di un elettrone e diventano isotopi del bismuto, che ha 83 protoni. La maggior parte di essi ha un periodo di dimezzamento di poche ore. Un'altro esempio è quello della figura 3.4.

3.4 *Il neutrino*

Molto spesso le nuove scoperte scientifiche nascono da crisi delle teorie precedenti. Una di queste crisi si ebbe verso la fine degli anni venti, quando sembrò che una delle leggi più sacre della fisica, quella della conservazione dell'energia, fosse violata in fisica nucleare. La violazione non sarebbe stata di quelle legate alle fluttuazioni quantistiche discusse nel paragrafo 2.4, ma ben più importante e definitiva.

L'argomento di questa ardita speculazione era il processo di decadimento beta. Già nel 1914 Chadwick aveva trovato che gli elettroni emessi con decadimento beta da nuclei identici avevano energie comprese in un ampio spettro di valori. D'altra parte l'energia totale disponibile, che viene liberata in seguito al decadimento del nucleo, è sempre la stessa. Si pensò che questa energia potesse andare divisa in qualche modo tra l'elettrone e un fotone gamma, in proporzione variabile da un evento all'altro. Ma attenti controlli, nei quali l'energia liberata veniva convertita in calore e poi misurata, non riuscirono a confermare questa ipotesi.

Nel 1930 Pauli notò che si sarebbe potuto salvare il principio di conservazione dell'energia se nel decadere il nucleo avesse emesso, oltre all'elettrone, non un fotone gamma, ma una particella subnucleare di tipo nuovo. Questa particella doveva essere elettricamente neutra e avere un grande potere di penetrazione in modo che la sua energia non potesse essere convertita in calore nei suddetti esperimenti. Essendo piccola e neutra, la nuova particella fu chiamata «neutrino».

I neutrini sono talmente sfuggenti da sembrare fantasmi, e passarono venticinque anni prima che l'esistenza della particella ipotizzata da Pauli fosse confermata direttamente dall'esperienza. Il guaio è che interagiscono con la materia in modo incredibilmente debole. I neutrini emessi in un tipico decadimento beta attraversano facilmente la Terra da parte a parte e potrebbero addirittura penetrare in uno spessore di anni luce di piombo! Le loro interazioni aumentano con l'energia, ma persino a 1000 MeV(1 GeV) la «sezione d'urto»[1] effettiva della diffusione neutrino-protone è di appena 10^{-42} m^2 (confrontare con i 10^{-27} m^2

[1] [È il parametro che esprime l'intensità dell'interazione fra particelle, così chiamato per analogia con l' 'area del bersaglio' che interviene nei fenomeni d'urto della meccanica classica.]

della diffusione neutrone-protone a bassa energia). Nonostante ciò, è stato possibile condurre esperimenti usando neutrini prodotti nei reattori nucleari o per decadimento di altre particelle negli acceleratori.

Al pari di elettroni, protoni e neutroni, i neutrini hanno spin 1/2, sono cioè fermioni. La questione della loro massa a riposo è molto interessante. Questa massa potrebbe essere misurata esaminando il bilancio energetico del decadimento beta. L'energia totale liberata dal nucleo viene divisa tra l'elettrone e il neutrino in proporzione variabile. In alcuni casi l'elettrone fa la parte del leone, e studiando attentamente l'energia trasportata dagli elettroni più veloci si può porre un limite alla frazione che rimane al neutrino. Quello che rimane sarà la somma dell'energia cinetica e della massa a riposo del neutrino, quindi la massa a riposo non può superare questo valore. In questo modo divenne chiaro che la massa a riposo del neutrino deve essere davvero piccolissima: meno di 500 eV, cioè un millesimo della massa dell'elettrone.

In anni recenti, una conferma del fatto che la massa a riposo del neutrino non può essere superiore a un valore molto piccolo è venuta da una fonte sorprendente. I cosmologi ritengono che il neutrino, nonostante la sua natura elusiva, possa essere in realtà l'oggetto più comune dell'universo (a parte forse il fotone e il gravitone, per i quali però il concetto di 'numero di particelle' non è veramente ben definito). I calcoli suggeriscono che i neutrini creati con il big bang che diede origine all'universo siano così numerosi da superare protoni ed elettroni in ragione di un miliardo ad uno. Per strano che possa sembrare, la materia che osserviamo costituire stelle, pianeti e galassie non è che una leggera impurità in un mare di neutrini. Ovviamente, tutti questi neutrini non vengono notati semplicemente perché ci attraversano senza lasciare traccia.

Tuttavia, c'è un indizio della loro presenza che i neutrini non possono non lasciare. Caratteristica fondamentale della gravità è che tutte le masse ne producono, inclusa la massa del neutrino. Essendo così abbondanti, i neutrini cosmici 'peseranno' più di tutte le stelle messe insieme, e questo anche con una massa a riposo di poche decine di elettronvolt. D'altra parte, ancora oggi si osserva un effetto residuo del big bang in cui i neutrini furono generati, cioè l'espansione dell'universo. La velocità di questa espansione diminuisce progressivamente perché l'interazione gravitazionale trattiene le galassie che si allontanano le une dalle altre, così come tutta la materia presente. Maggiore è l'attrazione gravitazionale (e cioè la massa) dell'universo, maggiore sarà il ritmo a cui l'espansione rallenta.

Mediante l'osservazione di oggetti molto distanti, gli astronomi possono fissare dei valori limite per la decelerazione cosmica e in tal modo determinare la massima attrazione gravitazionale attribuibile ai neutrini. Le stime attuali suggeriscono che con una massa neutrinica (a riposo) superiore a poche decine di elettronvolt, l'espansione dell'universo avrebbe un andamento ben diverso da quello osservato. Se poi la massa fosse nettamente maggiore di questo valore, il cosmo, semplicemente, crollerebbe sotto il suo stesso peso. Insomma, l'umile neutrino ha il potere di decidere il fato dell'intero universo.

Di fronte a un limite così basso per la massa a riposo del neutrino, molti fisici sono propensi a ritenere che si tratti di una particella priva di massa, esattamente come il fotone e il gravitone. È un'idea suggestiva nella sua semplicità, e insieme curiosamente elegante, per la seguente ragione. I neutrini hanno spin 1/2, che, come abbiamo detto nel paragrafo 2.7, si può orientare solo in due modi ('su' o 'giù'). Il moto del neutrino definisce automaticamente una direzione dello spazio, e quindi possiamo immaginare che il suo asse di spin punti in questa direzione o in direzione opposta. Insomma, il neutrino gira come un cavatappi allineato alla direzione del suo moto (fig. 3.5). Ci si può dunque domandare se si tratti di vite destrorsa o sinistrorsa: si osserva che le particelle emesse nel decadimento beta sono sempre destrorse. Per ragioni storiche queste particelle hanno assunto il nome di «antineutrini» (cfr. § 3.5).

Il punto fondamentale di tutto ciò è che il verso dell'avvitamento è relativo alla direzione del moto. Se un osservatore viaggiasse a velocità più elevata lungo una traiettoria parallela a quella del neutrino, dal suo sistema di riferimento vedrebbe la particella muoversi in direzione opposta; quindi, quello che per un osservatore è un avvitamento destrorso a un altro appare sinistrorso. Ma se il neutrino è privo di massa, deve viaggiare alla velocità della luce (cfr. p. 36), nel qual caso le leggi della relatività non consentono ad alcun osservatore di muoversi più velocemente. Di conseguenza, un neutrino privo di massa avrà lo stesso tipo di avvitamento per tutti gli osservatori, e dunque avremmo una proprietà assoluta di queste particelle.

Se si accetta che i neutrini abbiano un senso di avvitamento (detto anche «elicità») definito, ne segue che sono oggetti primordiali. Un neutrino privo di massa è poco più di un nulla che gira su se stesso: un

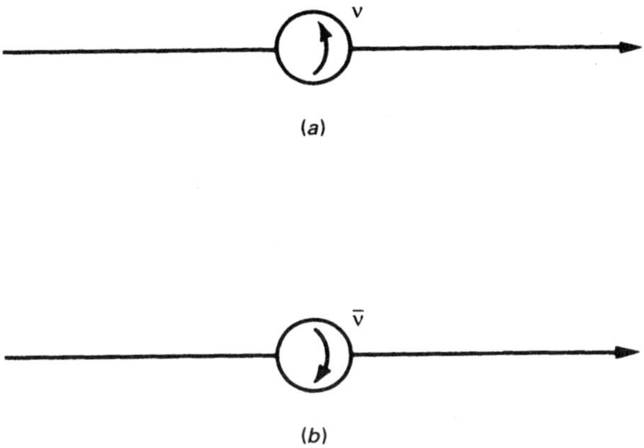

Figura 3.5
'Avvitamento' del neutrino: (*a*) il neutrino ruota sempre come una vite sinistrorsa; (*b*) l'antineutrino ($\bar{\nu}$) ruota come l'immagine speculare del neutrino.

ente geometrico fondamentale, che definisce una distinzione di base tra destra e sinistra.

Qualche anno fa questa concezione fu sfidata da un gruppo di fisici sovietici, che dopo aver ripetuto l'analisi energetica del decadimento beta usando del trizio appositamente preparato, sostennero di avere misurato una massa a riposo del neutrino intorno ai 30 eV. Quest'affermazione generò una grande eccitazione, e anche un certo scetticismo. Al momento non c'è accordo sulla validità dei loro risultati.

3.5 *L'antimateria*

Finora abbiamo considerato le forze fondamentali - elettromagnetismo, gravitazione ed interazione nucleare - quasi da un punto di vista classico, come se le forze si manifestassero disturbando il moto delle particelle materiali allo stesso modo che nella meccanica newtoniana. La meccanica quantistica ha avuto un ruolo limitato: certo, si è tenuto conto dei princìpi di Heisenberg e Pauli, ma l'idea essenziale era pur sempre quella di un'interazione tra corpi separati che vengono deviati da traiettorie rettilinee percorse con velocità costante. Nel seguito il concetto di «interazione» verrà notevolmente approfondito e ampliato. Ciò è reso indispensabile dall'esistenza di processi – vedi il decadimento del neutrone – nei quali una particella materiale scompare improvvisamente per dar luogo a particelle di natura completamente diversa. Come possiamo incorporare nel linguaggio delle forze tali fenomeni, in cui le particelle vanno e vengono dal mondo fisico? Uno degli aspetti che destano maggiori perplessità, a questo proposito, è che neutroni, protoni ed elettroni hanno una massa. Dal punto di vista intuitivo la massa sembra qualcosa di essenziale, di indistruttibile; il mondo materiale della nostra esperienza ha le sue radici nella materia concreta: le stelle, la terra su cui ci troviamo, il nostro stesso corpo, gli oggetti intorno a noi. Siamo naturalmente portati a credere che, nonostante l'aspetto della materia possa cambiare, come quando brucia un pezzo di legna o muore una persona, la quantità totale di materia rimanga la stessa.

Il decadimento del neutrone dimostra invece che su scala subatomica può aversi distruzione e creazione di materia. La massa del neutrone non viene semplicemente cambiata in quella del protone e dell'elettrone, perché con un facile calcolo aritmetico vediamo che, a riposo, un neutrone pesa 0,78 MeV più del protone e del neutrone messi insieme. Durante il processo vengono distrutti $1{,}4 \times 10^{-30}$ kg di materia!

Una situazione di questo tipo è stata discussa nel paragrafo 3.1, riguardo alle masse dei nuclei. Il nucleo intero è sempre più leggero della somma delle singole particelle componenti. La spiegazione viene dalla teoria della relatività, per la quale la massa è una forma di energia. Una particella può guadagnare o perdere massa acquistando o cedendo energia. Nel caso del neutrone che decade, l'intera massa della particella si converte in energia, e parte di essa, ma non tutta, va a costituire la massa a riposo del protone e dell'elettrone (ed eventualmente del neutrino) che appaiono improvvisamente. La massa restante, e cioè gli $1{,}4 \times 10^{-30}$ kg mancanti, si ritrova come energia del moto, che fa sì che le particelle prodotte si allontanino ad altissima velocità dal luogo del processo. Ovviamente, una piena comprensione della creazione e distruzione di particelle è possibile solo nel contesto di una teoria quantistica relativistica, che tenga debitamente conto dell'equivalenza tra massa ed energia e delle altissime velocità dei prodotti del decadimento.

Nel secondo capitolo abbiamo descritto la teoria relativistica per i fermioni, tra i quali si annoverano l'elettrone, il protone, il neutrone e il neutrino. Se vogliamo studiare la creazione e la distruzione di queste particelle, dovremo fare i conti con la relatività.

Tra le soluzioni della sua equazione, Dirac ne trovò una classe che descrive particelle di energia negativa, che compaiono inevitabilmente a causa della simmetria tra spazio e tempo che è inerente alla relatività ristretta. Per quanto siano misteriose, le soluzioni con energia negativa non possono essere semplicemente ignorate. Intanto i livelli di energia negativa si estendono verso il basso senza limiti. Questo sembrerebbe significare che lo stato fondamentale, per esempio dell'atomo di idrogeno, non è veramente tale, ma è sospeso sopra un pozzo senza fondo di stati di energia negativa. Ma allora non si vede perché un elettrone, nell'atomo di idrogeno, non possa affondare verso livelli sempre più bassi, con emissione di un numero sempre maggiore di fotoni. In effetti, se non c'è un limite inferiore ai livelli di energia di un sistema quantistico, sembrerebbe che tutta la materia dell'universo debba essere intrinsecamente instabile e discendere in questa fossa di energia negativa, in una pioggia sempre più intensa di radiazioni.

Nel 1930 Dirac suggerì un'idea radicalmente nuova, atta a prevenire questo destino infausto. Egli osservò che, secondo il principio di esclusione di Pauli, un elettrone sarebbe impedito dal fare transizioni verso il basso nel modo solito, a partire da quello che è chiamato livello fondamentale, se tutti gli ipotetici livelli di energia negativa fossero già occupati da altri elettroni. Naturalmente noi non vediamo traccia di questi elettroni con energia negativa, anche se per riempire tutti i livelli ce ne vuole un numero infinito. Dirac propose che questi elettroni fossero invisibili. Secondo questa idea lo spazio vuoto non è affatto vuoto, ma riempito da un «mare infinito» di particelle invisibili di energia negativa. Dal momento che il principio di Pauli ha effetto separato per ciascun tipo di particelle, ci deve essere un mare infinito per ciascuna di esse.

Nonostante appaia piuttosto arzigogolato, questo modello quantistico relativistico della materia riesce a predire alcuni fatti. Dirac argomentò che, se pure le transizioni verso il mare sono proibite dal principio di Pauli, nulla impedisce transizioni di elettroni 'verso l'alto', e cioè dal mare verso i livelli liberi di energia positiva. Poiché un elettrone con energia positiva è 'normale', non c'è motivo per cui non debba essere visibile. Ne segue che una tale transizione verso l'alto ci apparirebbe come l'apparizione improvvisa di un elettrone dal nulla. Ma non è tutto. Se un elettrone del mare è invisibile, il buco che lascia quando fa un salto verso l'alto deve essere visibile, perché l'assenza di una particella invisibile con energia negativa è equivalente alla presenza di una particella visibile con energia positiva. Inoltre, lo stesso ragionamento si applica alla carica elettrica del 'buco': l'assenza di una carica negativa invisibile è equivalente alla presenza di una carica visibile positiva. Quindi la creazione di un elettrone deve essere accompagnata dall'apparizione del 'buco', e cioè di una particella con carica positiva e con la stessa massa dell'elettrone (fig. 3.6).

La straordinaria idea di Dirac implica che sia possibile creare particelle materiali prelevandole da un serbatoio infinito e invisibile, ma solo se esse sono accompagnate dalla loro 'immagine speculare', che ha la stessa massa ma carica di segno opposto; così come opposti sono campo magnetico e spin. Nonostante il modello fisico sul quale si basa la predizione delle particelle speculari sia così fuori dal comune, nel 1932 gli elettroni positivi furono scoperti veramente nei raggi cosmici dal fisico americano Carl Anderson. I protoni negativi furono trovati nel 1955 con un acceleratore di particelle a Berkeley in California, e i neutroni speculari nel 1956. L' elettrone speculare è stato chiamato «positrone», ma il termine generico è 'anti'. Si parla dunque di «antiprotoni», «anti-

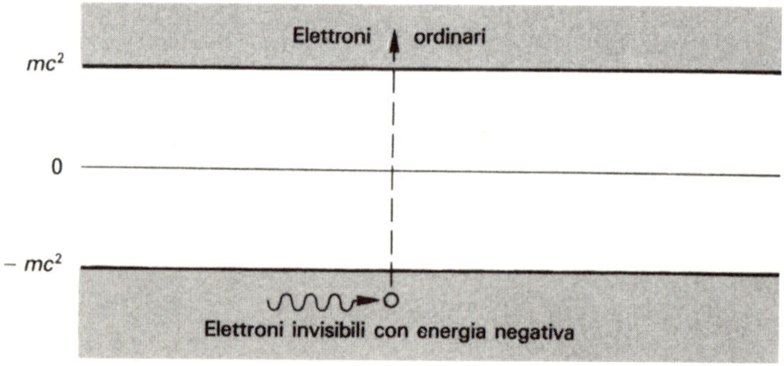

Figura 3.6
Creazione di materia e antimateria. Gli elettroni liberi ordinari hanno massa-energia positiva e maggiore di mc^2. Al di sotto di queste energie c'è un salto di $2mc^2$, e sotto ancora un mare infinito di elettroni invisibili con energia negativa. Se un raggio gamma ha energia sufficiente per annullare il divario e sollevare al di sopra di mc^2 una di queste particelle con energia negativa, abbiamo la creazione di un nuovo elettrone; nel mare si forma un 'buco', che ci appare come un positrone.

neutroni», «antineutrini» e, in generale, di «antimateria». Non c'è alcun dubbio che l'ardita predizione dell'antimateria da parte di Dirac, sulla base dell'unificazione matematica della teoria quantistica e della relatività, sia stata uno dei grandi trionfi della fisica teorica.

Un elettrone situato nel mare di energia negativa, assorbendo un fotone, compirà una transizione verso l'alto non dissimile da quelle che si hanno nell'atomo. L'energia del fotone deve essere almeno uguale al divario tra la superficie del mare (il più alto tra gli stati di energia negativa) e il più basso tra i livelli liberi di energia positiva. Per un elettrone libero di massa m questo divario è $2mc^2$, che richiede un fotone con un'energia di circa 1 MeV, cioè nella regione dei raggi gamma. Per creare coppie protone-antiprotone ci vogliono raggi gamma con un'energia almeno 1836 volte maggiore, allo scopo di fornire la maggiore massa-energia del protone. Se il raggio gamma fornisce più energia del minimo indispensabile, la coppia particella-antiparticella appena creata avrà una certa velocità, per cui l'energia in più va a contribuire al loro moto.

Vediamo allora che la forza elettromagnetica può fare ben più che curvare le traiettorie delle particelle cariche: le può anche creare. E la creazione non è possibile solo con i raggi gamma: qualunque forma di energia va bene. Per esempio, se due protoni collidono con sufficiente violenza, il campo elettrico tra loro può creare una coppia elettrone-positrone o protone-antiprotone utilizzando l'energia cinetica delle particelle in collisione. Per creare una coppia particella-antiparticella i protoni devono avere un'energia cinetica almeno uguale alla massa a riposo delle nuove particelle. Secondo la teoria della relatività i protoni in moto sono più pesanti di quelli fermi. Quando collidono, la massa eccedente viene loro tolta e usata per fare nuove particelle. In questo modo, l'energia cinetica viene convertita in nuove particelle materiali.

Come abbiamo già detto, tutti i processi subatomici possono essere invertiti. L'inverso della creazione di un elettrone e un positrone si ha quando elettrone e positrone si incontrano, annichilandosi a vicenda ed emettendo raggi gamma. Questo processo può essere visto come una transizione di un elettrone verso il basso, dentro un 'buco' (livello di energia libero) del mare di energia negativa, con liberazione di energia nella forma di fotoni.

L'annichilazione di elettroni e positroni non è però una faccenda tanto semplice. Come il protone e l'elettrone, positrone ed elettrone si attraggono a vicenda elettricamente, e girano intorno al centro di gravità del sistema. Questo miniatomo, chiamato «positronio», ha livelli di energia del solito tipo, salvo che l'orbita con il raggio più piccolo non corrisponde veramente a uno stato fondamentale, perché il positronio è instabile rispetto al decadimento per annichilazione delle due particelle che lo compongono. La dimensione del positronio è il doppio di quella dell'atomo di idrogeno, perché il centro di gravità si trova a metà strada tra le due particelle di eguale massa, invece che nei pressi del più pesante protone.

In effetti, perché il positronio isolato si distrugga devono essere emessi due fotoni, e ciò per il seguente motivo. Il positronio fermo rispetto al sistema di riferimento del laboratorio ha quantità di moto nulla. Se viene creato un solo fotone, questo si deve allontanare alla velocità della luce, trasportando quindi con sé una certa quantità di moto. Poiché la creazione di quantità di moto è proibita dalle leggi della meccanica (cfr. p. 15), deve essere prodotto almeno un altro fotone, che si muoverà nella direzione opposta al primo e pareggerà i conti (si ricordi che la quantità di moto è un vettore). A questo punto dobbiamo tener conto dello spin delle particelle. Elettrone e positrone hanno spin 1/2 e ciascuno dei fotoni ha spin uguale a 1. Se l'elettrone e il positrone ruotano in senso opposto, i loro spin si elidono a vicenda e il positronio ha spin totale zero. D'altra parte, se gli spin sono allineati il positronio avrà spin 1. Ci sono quindi due varietà di positronio. Il primo tipo si può annichilare, dando luogo a due fotoni che si muovono in direzioni opposte con spin opposti. Lo spin e la quantità di moto totali dei fotoni finali sono zero, come nel positronio di partenza. Nel secondo caso, non c'è modo che due fotoni abbiano spin 1, quindi devono essere emessi tre fotoni. Questo processo è allora notevolmente più lento del primo. Gli esperimenti mostrano che i due processi hanno vite medie rispettivamente di $1{,}25 \times 10^{-10}$ s e $1{,}40 \times 10^{-7}$ s. Dunque l'annichilazione di coppie elettrone-positrone, anche se complicata e indiretta, è estremamente rapida rispetto alle vicende umane.

Per vari motivi il modello dell'antimateria di Dirac, nonostante il suo successo, non potrà mai costituire una teoria esauriente. Intanto, l'idea di un mare di particelle invisibili con energia negativa può tutt'al più essere uno strumento per visualizzare il meccanismo di creazione e distruzione; non può essere preso seriamente come un modello delle interazioni quantistiche. In secondo luogo non è possibile usare le stesse argomentazioni per i bosoni (particelle con spin intero), perché non sono soggetti al principio di Pauli: come vedremo nel prossimo capitolo, in natura esistono bosoni che possiedono antiparticelle. Infine, una approfondita analisi della meccanica quantistica rivela che ci sono serie difficoltà matematiche nel tentare di trattare le equazioni delle onde di materia come descrizioni di particelle singole, quando il numero di particelle di un dato tipo può cambiare. Questi ostacoli possono essere superati mediante la teoria quantistica dei campi, che sarà discussa nel prossimo capitolo; questa trattazione più rigorosa confermerà i risultati essenziali della teoria originale di Dirac.

È utile rappresentare le particelle e le loro reazioni usando i seguenti simboli:

elettrone	e^-	positrone	e^+
protone	p	antiprotone	$\bar{p}$
neutrone	n	antineutrone	$\bar{n}$
neutrino	ν	antineutrino	$\bar{\nu}$
fotone	γ		
gravitone	g.		

Il fotone e il gravitone sono indistinguibili dalle rispettive antiparticelle.

Possiamo allora rappresentare il decadimento beta nel modo seguente:

$$n \rightarrow p + e^- + \bar{\nu}.$$

(Si noti che viene emesso un antineutrino.) L'annichilazione di una coppia elettrone-positrone si indica con

$$e^+ + e^- \rightarrow 2\gamma, \text{ oppure } 3\gamma.$$

Dal momento che tutti i processi sono reversibili, possiamo sempre invertire le frecce in queste reazioni per descrivere le reazioni inverse. Inoltre, la simmetria tra materia e antimateria fa sì che da ogni processo ne possiamo scoprire altri prendendo le particelle «coniugate». Questo termine significa che ogni particella può essere portata dalla parte opposta rispetto alla freccia se viene sostituita dalla sua antiparticella, cioè l'emissione di una particella diventa l'assorbimento di una antiparticella. Dal decadimento beta del neutrone, per esempio, otteniamo le seguenti possibilità:

$$p \rightarrow n + e^{+} + \nu \qquad [3.1]$$

$$p + e^{-} \rightarrow n + \nu \qquad [3.2]$$

$$p + \bar{\nu} \rightarrow n + e^{+} \qquad [3.3]$$

$$\bar{n} \rightarrow \bar{p} + \nu + e^{+}. \qquad [3.4]$$

Il fatto che un dato processo sia possibile non garantisce che si svolga veramente: dipende dalla disponibilità di energia. Così la reazione [3.1] non avverrà per protoni isolati, perché la massa a riposo dei prodotti del decadimento è superiore a quella del protone di 1,8 MeV. Si tratta dunque di un processo 'in salita', e questa è una fortuna perché altrimenti l'idrogeno, carburante del Sole e delle stelle, sarebbe instabile.

Tuttavia può accadere che l'energia necessaria per lo svolgimento di un processo venga fornita dall'esterno, come nel caso dei protoni legati all'interno dei nuclei. L'energia da aggiungere perché la reazione [3.1] avvenga può provenire dall'energia di legame nucleare in nuclei ricchi di protoni (poveri di neutroni). Per esempio

$$C^{11} \rightarrow B^{11} + e^{+} + \nu$$

rappresenta il decadimento beta di un isotopo del carbonio con un neutrone in meno del normale in un isotopo stabile del boro, con l'emissione di un positrone. Nei nuclei leggeri questo tipo di decadimento beta è favorito rispetto alla cattura di un elettrone atomico (il processo alternativo descritto a p. 89).

Le proprietà dell'antimateria sono cruciali quando ci si interroga su uno dei misteri fondamentali dell'universo: l'origine della materia. In molti modelli cosmologici l'esistenza della materia è considerata semplicemente un dato di fatto, e il problema della sua origine viene posto al di là degli scopi dell'indagine scientifica. Tuttavia, la creazione di materia dall'energia fa intravedere la possibilità di spiegare l'esistenza della materia come risultato dei processi fisici occorsi nelle condizioni estreme del big bang. La difficoltà di questa teoria è che, se la materia fu creata dall'energia del big bang, presumibilmente deve essere stata creata anche la medesima quantità di antimateria.

Alcuni cosmologi hanno ipotizzato che l'universo possa davvero essere simmetrico tra materia e antimateria. Così come ci sono antiprotoni, antineutroni e così via, ci potrebbero essere antiatomi, antistelle e perfino antigalassie. Se una galassia distante fosse fatta di antimateria, non ci sembrerebbe affatto diversa da una fatta di materia.

Uno dei principali problemi di questa teoria è la spiegazione di come materia e antimateria, che presumibilmente all'inizio erano mescolate, abbiano continuato a separarsi per formare regioni di grandi dimensioni in cui solo una delle due è presente. Qualunque contatto tra loro dà luogo a una distruzione esplosiva con intensa emissione di raggi gamma. Conoscendo l'intensità dei raggi gamma del fondo di radiazione cosmica, gli astronomi possono porre forti limiti alla presenza di antimateria nella nostra galassia (circa una parte su 10^6). È abbastanza evidente che se nell'universo c'è antimateria, questa è molto ben separata dalla materia: la scala della separazione è almeno quella degli ammassi di galassie. Non è stata proposta alcuna ipotesi convincente su come questa segregazione si sarebbe prodotta a partire da una mistura inizialmente omogenea.

Recentemente è stata proposta una spiegazione alternativa per l'origine della materia, che si rifà ad alcune possibili conseguenze delle teorie unitarie (cfr. § 6.4). Secondo queste teorie, fra materia e antimateria può esserci una leggera asimmetria, che ha permesso che nell'universo primevo si formasse una minuscola eccedenza di materia. Quando l'universo si raffreddò, tutta l'antimateria fu distrutta, insieme con la maggior parte della materia. Rimase quindi una piccola eccedenza di materia in un cataclisma di raggi gamma. Con un ulteriore raffreddamento la materia si condensò nelle galassie e tutto il resto, mentre la radiazione sbiadì fino a diventare quello che oggi ci appare come un sottofondo cosmico infrarosso.

Capitolo 4

Le forze nucleari

Le forze gravitazionali ed elettromagnetiche ci sono familiari da sempre. Invece le forze nucleari, chiamate «interazione forte» e «interazione debole», furono scoperte solo quando la tecnologia del secolo XX mise i fisici in condizione di servirsi di particelle subnucleari per indagare la struttura interna di atomi e nuclei. Gli effetti delle forze nucleari sono ben conosciuti: mantengono accesi il Sole e le stelle, forniscono energia alle bombe e alle centrali, e illuminano le lancette degli orologi.

Naturalmente le forze nucleari sono importanti soprattutto all'interno del nucleo, della cui struttura e dei cui problemi di stabilità abbiamo detto qualcosa nel capitolo precedente. Tuttavia il nucleo è un sistema complicato, e la comprensione delle interazioni forti e deboli è stata possibile anche attraverso lo studio dell'interazione tra particelle singole. In molti casi le interazioni vengono controllate manovrando fasci di particelle subatomiche in enormi macchine acceleratrici, alcune delle quali si estendono per diversi chilometri, e facendoli collidere con altri fasci o con bersagli fissi. Esaminando le reazioni, i fisici riescono a farsi un quadro dettagliato delle forze nucleari.

La ricerca svolta negli anni trenta e quaranta per cercare di comprendere queste forze portò presto alla scoperta di nuove forme di materia, cioè di particelle subatomiche che partecipano alle interazioni forti e deboli. I progressi matematici, particolarmente nella teoria quantistica dei campi e nell'unione tra teoria quantistica e relatività, mostrarono che nel mondo microscopico la natura della forza è inseparabile dalla struttura della materia. Mentre le forze classiche, gravità ed elettromagnetismo, agiscono tra particelle di materia, le interazioni deboli e forti (e invero anche la forza elettromagnetica, quando entrano in gioco i suoi aspetti quantistici) risultano essere strettamente interconnesse con le particelle su cui agiscono. Come vedremo, se le proprietà interne delle particelle dipendono dalle forze, a loro volta le forze sono mediate da ulteriori particelle.

Nel mondo subatomico non c'è dunque una divisione netta tra forze attive e particelle che passivamente si muovono sotto l'influsso di queste. Piuttosto, abbiamo a che fare con una complessa rete di attività, in cui particelle e forze sono strettamente coinvolte le une negli affari delle altre. La chiave per accedere a questo universo microscopico è il matrimonio tra meccanica quantistica, teoria dei campi e relatività, tre dei più difficili argomenti della fisica moderna. Il linguaggio matematico che permette l'unificazione è di un livello ben superiore a quello di questo libro; tuttavia, se il lettore è giunto fin qui, potrà perlomeno afferrare i concetti fisici fondamentali, anche se certe descrizioni utilizzeranno per forza di cose analogie e modelli semplificati.

4.1 *La teoria quantistica dei campi*

La discussione del terzo capitolo, a proposito di creazione e distruzione di particelle materiali come positroni ed elettroni, ha messo in luce il ruolo fondamentale della relatività nelle questioni subatomiche: ma la relatività, da sola, non spiega come questa creazione possa aver luogo.

Un indizio dell'apparizione (e sparizione) di particelle era disponibile fin dagli inizi della meccanica quantistica. Nel secondo capitolo abbiamo parlato di processi in cui i fotoni sono creati e distrutti dal moto di particelle cariche, come la transizione di un elettrone da un livello atomico ad un altro. Accettiamo senza problemi il fatto che il numero di fotoni presenti nell'universo non è fisso, ma cambia continuamente con i vari processi fisici che hanno luogo nella materia. Quando accendiamo una luce appaiono nuovi fotoni, che scompaiono quando vengono assorbiti dai muri della stanza. Anche su scala cosmica il numero di fotoni continua ad aumentare, perché le stelle riversano radiazione elettromagnetica nell'immenso vuoto cosmico.

Una delle ragioni per cui è facile accettare la creazione di fotoni è che questo processo ha un limite classico familiare e immediatamente visualizzabile. Immaginiamo un numero sempre più grande di elettroni in movimento: alla fine la particella singola non ha più alcuna importanza e abbiamo una corrente elettrica macroscopica. Analogamente, se miliardi di fotoni sono aggregati in modo coerente, le fluttuazioni quantistiche e l'indeterminazione diventano relativamente poco importanti in confronto all'energia totale di tutti i fotoni. L'aspetto ondulatorio domina su quello particellare quando ci avviciniamo al limite di un'onda elettromagnetica classica, che possiede una determinata lunghezza d'onda, ampiezza e fase. L'emissione in massa di fotoni coerenti può essere identificata con il familiare processo di produzione di onde elettromagnetiche mediante elettricità in movimento: per esempio, le onde radio emesse da un'antenna.

Come abbiamo osservato nel paragrafo 2.7, l'esistenza di un limite classico di tipo ondulatorio è strettamente legato al fatto che i fotoni sono bosoni e non obbediscono al principio di Pauli. Non c'è un analogo limite classico per gli elettroni, i protoni, i neutroni o i neutrini, perché sono tutti fermioni. Tuttavia queste particelle possono apparire e scomparire individualmente, anche se non esiste nulla di simile alla produzione di onde elettroniche o neutriniche classiche da parte di una sorgente macroscopica.

La teoria quantistica applicata al campo elettromagnetico ne descrive nuove proprietà di tipo particellare; ma quando è applicata, per esempio, agli elettroni, ne descrive nuove proprietà ondulatorie. In parole povere, la quantizzazione 'rende particelle le onde e onde le particelle'. Tuttavia, è difficile pensare al fotone come a una 'vera' particella sullo stesso piano dell'elettrone, almeno sulla base del suo comportamento come l'abbiamo descritto finora. Si tratterà ora di colmare questo divario concettuale che ancora divide il fotone da particelle come l'elettrone, in modo da poter fare per il secondo ciò che sappiamo fare per il primo, cioè descriverne creazione e distruzione.

Per disegnare una mappa di questo cammino verso la convergenza ipotizzata, fermiamoci a considerare meglio la natura del fotone. Immaginiamoci un'onda elettromagnetica che si propaghi nello spazio allo stesso modo di una vibrazione in una corda infinita. Per quantizzare la vibrazione dobbiamo sapere come l'energia vi è contenuta e in che modo possa esserne estratta o inserita in quantità discrete. Poiché non siamo veramente interessati al moto dell'onda, consideriamo per il momento l'idea di un'onda elettromagnetica stazionaria.

Le onde stazionarie sono state descritte nel paragrafo 2.6 a proposito delle onde di materia. Onde stazionarie elettromagnetiche possono essere prodotte racchiudendo il sistema in una scatola di metallo dalle pareti perfettamente riflettenti. L'andamento di un'onda all'interno della scatola sarà più o meno quello di un'onda sonora all'interno di una canna d'organo: una forma fissa. Ricordando la discussione del paragrafo sopracitato, osserviamo che solo certe frequenze fissate 'si adattano' alla scatola o alla corda. Tuttavia, se la scatola è molto grande e la lunghezza d'onda molto piccola, le frequenze permesse sono così ravvicinate che non notiamo in realtà alcuna restrizione: in sostanza, formano quasi un continuo. Nella pratica, è proprio quello che si verifica: la lunghezza d'onda della luce è dell'ordine di 10^{-7} m, mentre una scatola può avere, per esempio, un metro di lato. Questo significa che qualcosa come 10^7 lunghezze d'onda diverse 'si adattano' alla scatola, e quando si passa da una lunghezza d'onda alla successiva l'aumento di frequenza è molto piccolo.

Fissiamo la nostra attenzione su una particolare frequenza, o modo di vibrazione, tra quelle permesse. Secondo la fisica classica l'intensità della vibrazione può essere qualunque. Immaginiamo ora un atomo eccitato all'interno della scatola: può emettere dell'energia nel campo e conseguentemente fare una transizione verso il basso. Come ritroviamo questa energia nel campo? Per forza di cose essa dovrà corrispondere all'eccitazione di uno dei modi di vibrazione. Quale sia precisamente questo modo si deduce dalla quantità di energia liberata, tramite la formula $E = h\nu$ (che fissa così la frequenza). Ma la relazione di Planck dice che solo la quantità fissa di energia $h\nu$, o un suo multiplo, può essere liberata (o assorbita) dall'atomo. Ne segue che l'energia di eccitazione di un qualunque modo di vibrazione del campo deve potersi esprimere secondo certe unità fissate. Se il modo contiene una unità di energia, diremo che c'è un fotone di frequenza ν; se le unità sono due, ci sono due fotoni, e così via. Sappiamo che per i bosoni non c'è un limite superiore al numero di unità (o quanti) di energia in ciascun modo. Quando questo numero è molto elevato l'energia totale è troppo grande perché si possa notare un minuscolo incremento di $h\nu$. Siamo allora nel limite classico, in cui il trasferimento di energia al campo può avvenire con continuità.

Secondo questo punto di vista, un fotone è l'eccitazione di uno dei modi di vibrazione discreti del campo elettromagnetico. Sulle prime una cosa del genere non sembra molto simile all'idea di particella. Tuttavia, un esame più attento dimostra che le differenze non sono poi così grandi. Un elettrone con molta energia, se confinato in una scatola, rimbalzerà avanti e indietro contro le pareti. Le limitazioni dovute al principio di Heisenberg ci impediranno di localizzare la posizione della particella nella scatola, se richiediamo che abbia quantità di moto ed energia fissate. Quindi possiamo pensare che l'onda di probabilità della particella sia diffusa in tutta la scatola, proprio come un'onda elettromagnetica. Inoltre, il fotone visto come eccitazione può assumere solo certi valori fissati dell'energia, del momento della quantità di moto e dello spin, proprio come l'elettrone.

Ovviamente, c'è il dettaglio tecnico che nella maggior parte dei processi i fotoni non sono creati in una scatola riflettente, ma sono liberi di allontanarsi. Abbiamo a che fare, allora, non più con modi di vibrazione stazionari, ma con onde che si propagano. Questa complicazione è comunque di poca importanza, e può essere facilmente inserita nello schema concettuale che abbiamo delineato.

Idee simili possono essere ora applicate alla creazione e distruzione di altre particelle, per esempio elettroni e positroni. Dobbiamo allora considerare le onde di materia come analoghe a quelle elettromagnetiche. Un elettrone potrà cioè essere visto come un quanto di eccitazione del relativo campo di materia. Elettroni e positroni possono essere creati con l'eccitazione di modi di vibrazione di questo campo. D'ora in avanti, insomma, i concetti di «particella» e di «quanto del campo» saranno visti come equivalenti. In questo modo, è come se la teoria dei quanti fosse stata applicata due volte: una volta per descrivere il comportamento ondulatorio del campo materiale, e una seconda per ritrovare alcuni aspetti particellari dei quanti del campo.

Per mezzo di questa cosiddetta «seconda quantizzazione» è stato possibile costruire una teoria relativistica completa dei campi quantistici e delle loro interazioni, in grado di descrivere l'attività di una grande varietà di particelle subatomiche. Anche se la teoria ha aspetti ancora non del tutto chiariti, e molti fisici ritengono che non debba considerarsi definitiva, il suo successo ci fa ritenere che le idee fondamentali siano corrette. Ovviamente, possiamo qui soltanto accennare a quello che questa teoria così potente può fare.

L'applicazione più riuscita della teoria completa della seconda quantizzazione dei campi quantistici relativistici è sicuramente lo studio dei sistemi di elettroni, positroni e fotoni interagenti, detto anche «elettrodinamica quantistica» o QED. Molte previsioni dettagliate basate sulla QED sono state verificate, alcune con precisione formidabile, e la teoria sembra descrivere i processi elettrodinamici in maniera del tutto soddisfacente.

La teoria dei quanti relativistica richiede un nuovo modo di pensare riguardo al mondo microscopico. Illustreremo alcune di queste nuove idee, su cui si basa una buona parte del resto del libro. Dal momento che la trattazione è per forza di cose approssimata, faremo spesso ricorso a diagrammi esplicativi. Anche se questo modo di ragionare è abituale tra i fisici, porta con sé i soliti pericoli delle rappresentazioni pittoriche. Il lettore dovrebbe rammentare sempre che i diagrammi sono schematici e non hanno la pretesa di essere raffigurazioni del microcosmo reale. Saranno preziosi per illustrare le relazioni tra i vari processi, ma non possono certo sostituire la descrizione matematica dettagliata.

Il processo più elementare dell'elettrodinamica è l'emissione di un fotone da parte di un atomo. Dal punto di vista fisico può essere visualizzato senza problemi, e le sue conseguenze ci sono familiari nella vita di tutti i giorni. Lo si può illustrare con un disegno in cui la traiettoria dell'atomo che emette il fotone è rappresentata da una linea diritta e quella del fotone da una linea ondulata. La figura 4.1 mostra appunto l'atomo che compie una transizione da uno stato eccitato allo stato fondamentale, e il fotone che si allontana verso destra. L'atomo devia leggermente verso sinistra.

Un aspetto importante di tutti i diagrammi di questo tipo è che l'emissione (o l'assorbimento) di un fotone viene rappresentata come un evento distinto, localizzato in un punto preciso dello spaziotempo (rappresentato sul diagramma da un circoletto). Questo punto, chiamato «vertice», va pensato come il luogo e il tempo in cui, nella figura 4.1, il fotone compare improvvisamente e altrettanto improvvisamente l'atomo si ritrova nello stato fondamentale. Ora, tutto ciò mal si concilia con un approccio classico. Nel modello prequantistico dell'emissione di luce ci si immagina una transizione continua da un'orbita elettronica all'altra, con graduale emissione di un'onda i cui massimi e minimi a poco a poco danno luogo a un movimento ondulatorio esteso. Per chiarire meglio la questione dobbiamo ricordarci della natura probabilistica della meccanica quantistica. Per esempio, la figura 4.1 è solo uno degli infiniti diagrammi, nella storia di quell'atomo, nei quali compare un fotone. Per calcolare la probabilità che dopo un certo tempo sia presente un

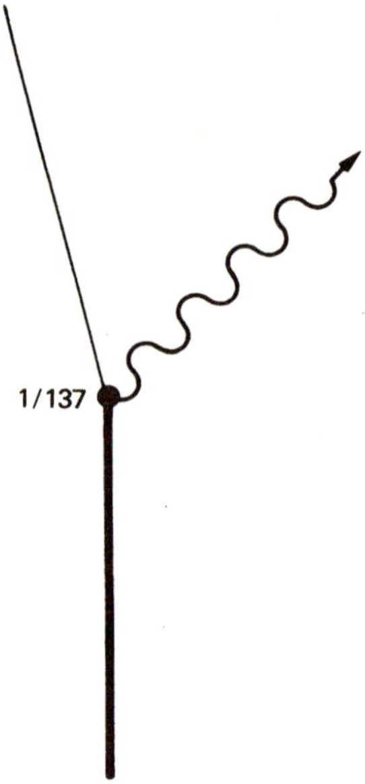

Figura 4.1
Un atomo eccitato (linea spessa) emette un fotone e devia verso sinistra; la probabilità di questo processo è regolata dal valore 1/137.

fotone dobbiamo tener conto di tutti i possibili diagrammi nei quali c'è un'emissione prima dell'istante considerato. Se consideriamo un sistema composto da milioni di atomi eccitati, l'effetto medio risultante dalle loro emissioni, regolate da leggi statistiche, avrà senz'altro l'aspetto di un'emissione continua.

Così come tutti i processi quantistici, l'emissione di un fotone è una faccenda imprevedibile. La teoria può fornire la probabilità che in un certo intervallo di tempo venga emesso un fotone, supponendo che inizialmente l'atomo sia eccitato. Da questa probabilità possiamo calcolare la rapidità della transizione, ovvero il tempo di dimezzamento per il processo.

La rapidità con cui avviene un processo quantistico sarà in relazione all'intensità della forza che lo controlla. Nel caso di una transizione elettrodinamica, come la diseccitazione di un atomo, l'intensità è determinata dall'unità elementare di carica elettrica *e*, perché è questa quantità che fissa quanto fortemente l'elettrone atomico 'si accoppia' al campo elettromagnetico. Se la carica di una particella è grande, la particella può dar luogo a effetti elettromagnetici intensi. Viceversa, se la carica è debole, la particella perturberà il campo elettromagnetico solo di poco. Al limite, se la carica è zero, il campo rimane invariato. I neutrini, per esempio, non si accoppiano al campo elettromagnetico; non influiscono sulla forza elettromagnetica e non ne sono minimamente influenzati.

In tutti i calcoli pratici dell'elettrodinamica quantistica, la quantità fondamentale che entra nell'espressione della probabilità è il fattore $Ke^2/\hbar c$, di solito abbreviato in α. Esaminando le unità di misura di cui è fatto si vede che α è una costante adimensionale, cioè un numero puro, del valore di circa 1/137. Questo numero è una delle costanti fondamentali della natura, ed è chiamato «costante di struttura fine» perché originariamente aveva interesse soprattutto nei calcoli relativi alla suddivisione delle righe spettrali, chiamata appunto «struttura fine».

L'importanza di α va comunque ben al di là della fisica atomica. La piccolezza di 1/137 rispetto all'unità ci permette di trattare l'accoppiamento tra il campo elettromagnetico e una particella carica, per esempio un elettrone, come una piccola perturbazione, un fatto questo di estrema importanza nei calcoli. Inoltre, poiché α è un numero relativamente piccolo, i processi elettrodinamici si svolgeranno in modo relativamente lento.

La figura 4.1 mostra un esempio di processo perturbativo del primo ordine. Potremmo anche considerare un processo del secondo ordine, nel quale vengono emessi due fotoni invece di uno. Questo caso implica due moltiplicazioni per 1/137, è cioè regolato dalla quantità α^2. È quindi molto meno probabile dell'emissione di un solo fotone, il che significa che una transizione di questo tipo avviene in modo ancora più lento. In alcuni stati dell'atomo, tuttavia, il processo con un solo fotone è proibito dalle leggi di conservazione, e si osserva quello più raro con due fotoni.

4.2 *Particelle virtuali*

La teoria quantistica del campo elettromagnetico deve essere in grado di descrivere qualcosa di più dell'emissione e dell'assorbimento di fotoni.

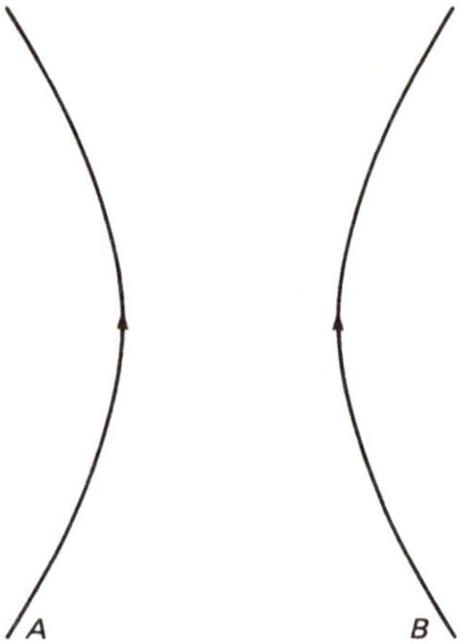

Figura 4.2
In fisica classica, la deviazione per mutua repulsione di particelle con carica elettrica dello stesso segno viene descritta come un trasferimento continuo di quantità di moto, per effetto del quale le traiettorie si incurvano allontanandosi quindi l'una dall'altra.

Quando due particelle cariche interagiscono a distanza, attraendosi o respingendosi, le forze che provocano questo effetto sono di origine elettromagnetica.

Consideriamo, per esempio, la situazione della figura 4.2, che mostra due particelle con carica negativa che si avvicinano, risentono della mutua repulsione e vengono deviate; questo processo si chiama «diffusione» (*scattering*). La sua spiegazione classica è che energia e quantità di moto passano con continuità da una particella all'altra per mezzo del campo elettromagnetico, e questo passaggio fa curvare le traiettorie.

La descrizione quantistica non si può basare su concetti del genere, sia perché le particelle quantistiche (come l'elettrone) non seguono affatto traiettorie ben definite, sia perché la propagazione di energia e quantità di moto per mezzo del campo elettromagnetico deve essere descritta in termini di fotoni.

La figura 4.3 illustra la descrizione quantistica dello scattering: un elettrone *A* emette un fotone che viaggia fino all'elettrone *B*, dove è assorbito. L'emissione e l'assorbimento disturbano il moto degli elet-

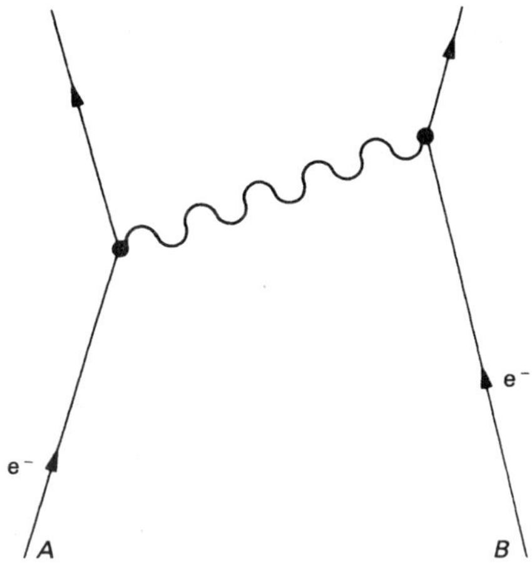

Figura 4.3
La forza di repulsione tra particelle cariche, per esempio elettroni, può essere calcolata come effetto di un trasferimento di fotoni virtuali.

troni, causando la diffusione. Tuttavia, non è possibile applicare semplicemente le idee newtoniane di forza e impulso a un processo come questo. Poiché il fotone è limitato nello spazio e nel tempo (cioè nella lunghezza del percorso e nella durata del viaggio), la sua energia e la sua quantità di moto saranno indeterminate, conformemente al principio di Heisenberg dato dalle espressioni [2.8] e [2.9]. In questo caso le leggi classiche di conservazione della quantità di moto e dell'energia non sono valide. In effetti, se le particelle hanno carica opposta, si attraggono reciprocamente per mezzo dello scambio di un fotone.

Per distinguere un fotone 'ordinario', che possiede energia e quantità di moto definite date dalle equazioni [2.4] e [2.6], dai fotoni dalla vita brevissima scambiati nella diffusione, questi ultimi sono detti «virtuali». I fotoni virtuali non vengono mai osservati direttamente: sono una questione privata tra le particelle cariche che prendono parte al processo. Possiamo immaginarceli come dei messaggeri che trasportano la forza elettromagnetica.

In generale, un fotone può vivere per un tempo

$$\Delta t \approx h/\Delta E \approx \nu^{-1}$$

dove abbiamo utilizzato il fatto che l'energia presa in prestito (ΔE) è proprio quella ($h\nu$) del fotone. In questo tempo il fotone può viaggiare al più fino a una distanza c/ν, che è uguale alla sua lunghezza d'onda. Questa situazione è ben diversa da quella di un fotone reale, che si può staccare completamente da un elettrone e viaggiare a grande distanza, godendo di un'esistenza indipendente. In questo senso, i fotoni virtuali descrivono il campo vicino a una carica elettrica mentre quelli reali appartengono al lontano campo di radiazione. I fotoni virtuali non possono sottrarre energia all'elettrone in modo definitivo, ma quelli reali sì. Possiamo allora identificare i fotoni virtuali con il campo elettrostatico, che diminuisce proporzionalmente all'inverso del quadrato della distanza r dalla particella carica ($1/r^2$), mentre i fotoni rappresentano la radiazione elettromagnetica che diminuisce più lentamente ($1/r$) e perciò viaggia a grandi distanze. Il campo elettrostatico contiene energia ma non si allontana. D'altra parte la radiazione (i fotoni reali) porta via energia alla carica.

A causa dell'indeterminazione tempo-energia non è possibile dire, nel caso di un processo come la diffusione, quale particella ha emesso il fotone virtuale e quale lo ha assorbito. L'ordine temporale di due eventi così vicini non può essere individuato. Per questo motivo la linea che rappresenta il fotone viene spesso disegnata orizzontale. Ci si potrebbe allora immaginare che i processi quantistici violino le leggi della relatività, le quali richiedono un preciso ordine di causa ed effetto e permettono il trasferimento di informazione solo a velocità finita. Se l'ordine temporale dell'emissione e dell'assorbimento di quanti virtuali non può essere determinato, sembra che si debba avere qualcosa di simile a un trasferimento istantaneo di informazione tra le particelle. Non potremmo usare dei fotoni virtuali per mandare dei messaggi reali più veloci della luce? La risposta è no. La natura ha fatto in modo che teoria dei quanti e relatività coesistano in meravigliosa armonia. Per trasportare informazione mediante segnali elettromagnetici ci vuole almeno un'intera onda per codificarli. Tuttavia, abbiamo visto che i fotoni virtuali non possono viaggiare a una distanza superiore ad una lunghezza d'onda, e sono quindi inutili dal punto di vista dei messaggi. Solo i fotoni reali possono trasportare informazioni.

Con l'ipotesi dello scambio di fotoni virtuali, i vari aspetti della diffusione di elettroni e di altre particelle quantistiche cariche possono essere descritti in modo corretto. Per avere una grande precisione è necessa-

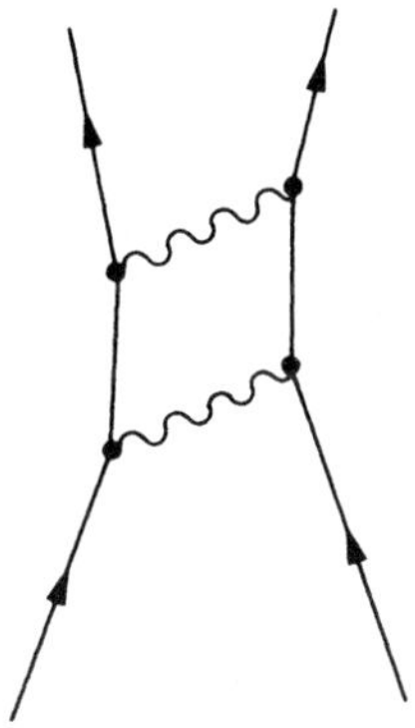

Figura 4.4
Lo scambio di due fotoni virtuali dà luogo a piccole correzioni nello schema del processo di diffusione.

rio talvolta tenere conto dei processi di ordine superiore, come lo scambio di due o più fotoni (fig. 4.4). Come nei processi di emissione, lo scambio di due fotoni darà luogo a una correzione relativamente piccola, determinata dalla costante 1/137.

Il fatto che i fotoni virtuali non obbediscano alle leggi di conservazione dell'energia e della quantità di moto fa sì che possano andare e venire più o meno a caso. Per esempio, ci possiamo immaginare che un elettrone isolato produca in continuazione fotoni virtuali e li riassorba entro il tempo permesso dal principio di indeterminazione. Questo processo è rappresentato nella figura 4.5. Ciò significa che un elettrone, così come ogni particella carica, è avvolto da una nube di fotoni virtuali dalla vita breve che gli ronzano intorno.

Dobbiamo immaginarci che i fotoni virtuali che circondano un elettrone siano strettamente legati ad esso dal principio di indeterminazione, e che non si avventurino mai troppo lontano. Tuttavia, se l'elettrone scomparisse improvvisamente, non ci sarebbe più nulla a trattenerli, e si allontanerebbero come i fotoni reali. Una così improvvisa scomparsa dell'elettrone non è così improbabile come potrebbe sembrare: sappiamo che se dovesse incontrare un positrone verrebbe effettivamente annichilato. Così possiamo pensare che i raggi gamma generati nel processo

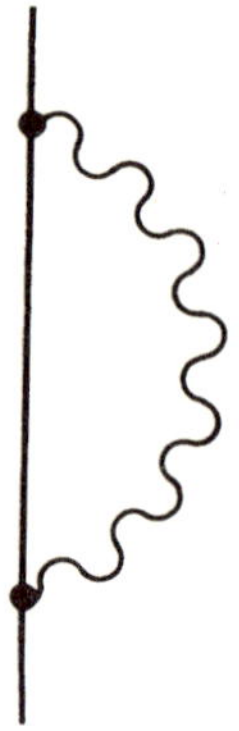

Figura 4.5
Un processo nel quale una particella carica emette e riassorbe un fotone virtuale.

di distruzione elettrone-positrone siano quello che rimane dei fotoni virtuali che le particelle si portano sempre dietro, e che vengono liberati quando queste scompaiono.

Quando teniamo conto di processi di ordine superiore, e quindi meno probabili, descritti da diagrammi con molti vertici, le cose si complicano parecchio e i calcoli da eseguire diventano lunghi e noiosi. Solo la piccolezza della costante di accoppiamento (1/137) ci salva dal dover considerare molti di questi processi più complicati. I diagrammi relativi si chiamano «diagrammi di Feynman», dal nome del fisico americano Richard Feynman che per primo li introdusse come un ausilio per i calcoli della QED.

Il lettore non deve pensare che la presenza della nube di fotoni virtuali intorno ad un elettrone sia semplicemente una trovata euristica. Questi fotoni causano effetti reali e misurabili, anche se piccoli per via della piccolezza della costante di accoppiamento. Uno dei più noti è un leggero spostamento dei livelli di energia di tutti gli atomi, evidente soprattutto nell'idrogeno, dovuto al fatto che la presenza del nucleo elettricamente carico perturba la nube di fotoni virtuali che avvolge l'elettrone orbitale, alterando così la sua energia di una piccola quantità.

Tutte le particelle quantistiche, e non solo i fotoni, possono esistere in forma virtuale. Per esempio, una coppia virtuale elettrone-positrone può fare una rapida apparizione, per annullarsi nuovamente entro il tempo concesso dal principio di indeterminazione. Così, un fotone può essere improvvisamente convertito in una coppia di particelle (fig. 4.6). Questo significa che, in linea di principio, due fotoni possono interferire l'uno con l'altro per mezzo di queste coppie virtuali elettrone-positrone, un processo impossibile nella fisica classica dove i raggi luminosi si sovrappongono senza disturbarsi a vicenda.

Il fatto che tutti i fotoni, reali e virtuali, passino parte del loro tempo come coppie elettrone-positrone dà luogo a un interessante effetto, chiamato «polarizzazione del vuoto». Tra i fotoni virtuali che circondano ogni particella carica ci saranno anche delle coppie virtuali elettrone-positrone. Se la particella centrale è, per esempio, un elettrone, la sua carica elettrica tenderà ad attrarre i positroni virtuali e a respingere gli elettroni virtuali. Questa polarizzazione fa da schermo alla carica centrale, così che la carica effettiva che viene misurata dal di fuori è minore della vera carica dell'elettrone. La polarizzazione del vuoto contribui-

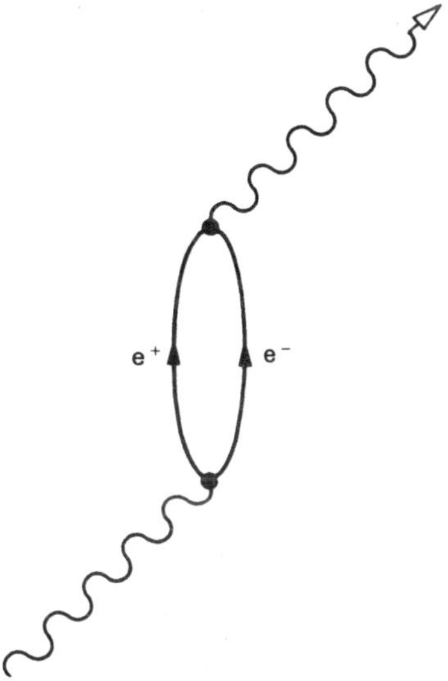

Figura 4.6
Decadimento del fotone. Il principio di Heisenberg permette al fotone di prendere in prestito energia sufficiente a convertirsi per breve tempo in una coppia virtuale elettrone-positrone, che rapidamente si annichila per dar luogo nuovamente al fotone.

sce in quantità molto piccola, ma misurabile, al summenzionato spostamento dei livelli di energia dell'atomo di idrogeno.

Gli effetti dei campi quantistici fanno sì che il concetto di vuoto sia ben più complesso di quanto si era supposto in precedenza. Anche quando non ci sono particelle reali, lo spazio apparentemente 'vuoto' brulica dell'attività di particelle virtuali di ogni tipo. In effetti le particelle reali sono qualcosa di fuori del comune, e potrebbero essere viste metaforicamente come la spuma sul mare della fremente attività del vuoto.

Un'altra conferma importante dell'esistenza di fotoni virtuali viene dal momento magnetico dell'elettrone, che per effetto della nube virtuale viene alterato appena dello 0,115 965 2 per cento. Questa piccola quantità può essere misurata con grande precisione, e l'accordo con la previsione teorica è migliore di una parte su 10^9. Senza dubbio questo risultato sbalorditivo è uno dei più grandi trionfi della fisica teorica moderna, e ci dà una certa fiducia che le idee della teoria dei campi quantistici relativistici siano corrette.

4.3 *Un primo sguardo all'interazione forte*

Il successo dell'elettrodinamica quantistica nel descrivere i fenomeni elettromagnetici suggerisce che anche le altre forze della natura possano essere studiate, dal punto di vista quantistico, in modo simile. Il primo tentativo di descrivere per questa via l'interazione nucleare forte fu compiuto nel 1935 dal fisico giapponese Hideki Yukawa. L'idea di base del modello di Yukawa può essere compresa facilmente per analogia con la forza elettromagnetica. Nel paragrafo precedente abbiamo spiegato come lo scambio di un fotone virtuale generi una forza tra particelle elettricamente cariche. Yukawa propose che protoni e neutroni fossero circondati da un campo di nuovo tipo, accoppiato ad essi per mezzo di una 'carica nucleare' nello stesso modo in cui un elettrone è accoppiato al campo elettromagnetico per mezzo della carica elettrica. Questo nuovo campo avrà «quanti di eccitazione», cioè particelle virtuali, analoghi ai fotoni, e lo scambio di queste particelle virtuali tra neutroni e protoni genera un'attrazione.

Il nuovo campo quantistico di Yukawa non può essere del tutto analogo a quello elettromagnetico, o finirebbe con il riprodurne semplicemente la caratteristiche, come la lunga portata della forza elettrostatica e la repulsione tra particelle simili. Yukawa aveva bisogno invece di una forza sempre attrattiva ed a corto raggio. Vediamo com'è possibile descrivere queste differenze.

Consideriamo prima di tutto la portata della forza. Se questa è l'effetto dello scambio di quanti virtuali, due particelle non possono interagire a una distanza superiore a quella che i quanti scambiati possono percorrere. Questi limiti sono stabiliti dal principio di indeterminazione, che dice che un quanto di energia E può sopravvivere solo per un tempo $\Delta t \approx \hbar$ e può quindi percorrere al massimo una distanza $c\Delta t \approx \hbar c/E$ prima di essere assorbito. Nel caso elettromagnetico l'energia può assumere valori arbitrariamente piccoli pur di considerare fotoni virtuali di frequenza ν sufficientemente bassa. Proprio per questa ragione la forza elettromagnetica è a lungo raggio: l'energia di interazione diminuisce come $1/r$ e la forza come $1/r^2$. Per ottenere una forza a corto raggio Yukawa suppose che i quanti di questa nuova forza nucleare abbiano una massa a riposo. Dunque, l'energia E da prendere in prestito per creare un quanto virtuale ha ora un limite inferiore: per una particella di massa m deve essere almeno uguale a mc^2. Il principio di indeterminazione le permette allora di esistere solo per un tempo di circa $\Delta t \approx \hbar/mc^2$, dopodiché deve essere riassorbita. In questo intervallo di tempo la distanza percorsa dalla luce è $\hbar/mc$, e poiché la relatività proibisce alla particella di viaggiare più velocemente della luce, il raggio massimo della forza è circa $\hbar/mc$. Prendendo m sempre più grande si può ottenere un raggio piccolo quanto si vuole. Per avere un raggio di uno o due fermi, m deve essere circa 300 volte la massa dell'elettrone, cioè intermedia tra la massa del protone e quella dell'elettrone. Per questo motivo i quanti del campo di forza nucleare furono chiamati «mesoni». Più tardi vennero ribattezzati «mesoni π» o semplicemente «pioni».

Passiamo ora alla seconda differenza con l'elettromagnetismo: dobbiamo supporre che i quanti virtuali di Yukawa generino un'attrazione tra particelle simili del nucleo. Dalla teoria matematica completa dei campi quantistici si vede che è lo spin dei quanti virtuali che sono scambiati a determinare se la forza è attrattiva o repulsiva. Il fotone, che ha spin 1, genera repulsione tra cariche simili. La gravità, con spin 2, è attrattiva. La possibilità più semplice che dà luogo ad attrazione è lo spin 0, e questa fu l'ipotesi di Yukawa.

Naturalmente, Yukawa non si basò su argomentazioni intuitive basate sul principio di indeterminazione, ma sviluppò una rigorosa teoria matematica del campo mesonico che circonda un protone o un neutrone. Per mezzo di questa teoria fu in grado di dare l'esatta espressione del campo di forza nucleare, nello stesso modo in cui l'elettrodinamica di Maxwell permette di calcolare la forza nelle vicinanze di una carica puntiforme. La teoria di Yukawa dà un'energia potenziale di interazione che diminuisce molto rapidamente con la distanza, addirittura in modo esponenziale: e^{-kr}/r. Questa espressione è riportata nel grafico della figura 4.7, nella quale si vede un pozzo senza fondo con una parete molto ripida che tende rapidamente a zero, sotto l'influenza del fattore esponenziale, al di fuori di una certa distanza chiamata «raggio». La costante k è uguale a $mc/\hbar$, che è la tipica distanza percorsa da una particella virtuale e che abbiamo calcolato precedentemente usando il principio di indeterminazione. Se poniamo $m = 0$, il fattore esponen-

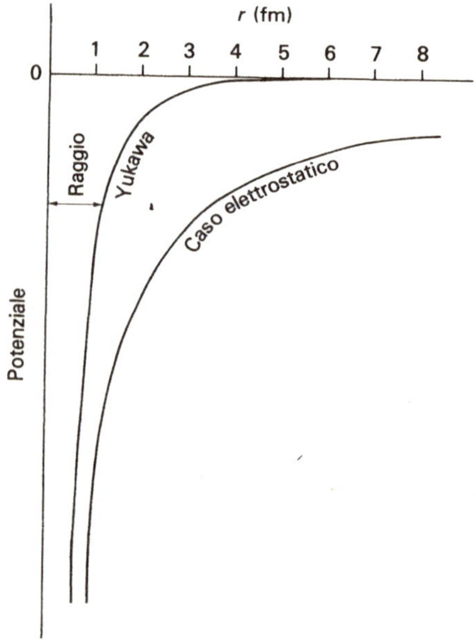

Figura 4.7
Il modello di Yukawa del potenziale nucleare a corto raggio, confrontato con il potenziale elettrostatico di Coulomb.

ziale è uguale a uno e l'espressione di Yukawa prende la forma dell'energia potenziale elettrostatica, che va a zero come $1/r$.

La forza effettiva che si esercita tra due particelle del nucleo è determinata dalla loro «carica nucleare», proprio come la carica elettrica determina l'intensità della forza elettrica. La carica nucleare non può essere dedotta dalla teoria di Yukawa, ma deve essere misurata sperimentalmente, e risulta essere 45 volte più grande dell'unità fondamentale e di carica elettrica. Questo significa che la forza nucleare tra due protoni è $(45)^2$ volte (cioè circa 2000 volte) più intensa della forza elettrica. Indicando con g la carica nucleare su un protone o un neutrone, la quantità $g^2/\hbar c$ è l'analogo della costante di struttura fine. Si ha $g^2/\hbar c \approx 15$, valore ben superiore all'1/137 dell'accoppiamento elettromagnetico. Per questo motivo la forza nucleare è chiamata «interazione forte».

La descrizione di Yukawa delle forze nucleari può essere rappresentata per mezzo di diagrammi (fig. 4.8) che mostrano un mesone che viene scambiato tra due particelle nucleari. Vi saranno contributi anche dallo scambio di due, tre, quattro, ... mesoni. L'intensità di questi contributi varia in proporzione ai fattori $g^2/\hbar c$, $(g^2/\hbar c)^2$, $(g^2/\hbar c)^3$, ... che, a causa del valore di g, non sono affatto trascurabili. A differenza dell'elettrodinamica, dove la piccolezza dell'accoppiamento (1/137) permette, di regola, di trascurare gli effetti dei processi in cui vengono scambiati più fotoni, lo scambio di un mesone non può essere considerato una piccola perturbazione. Questo vuol dire che i calcoli in cui si ha

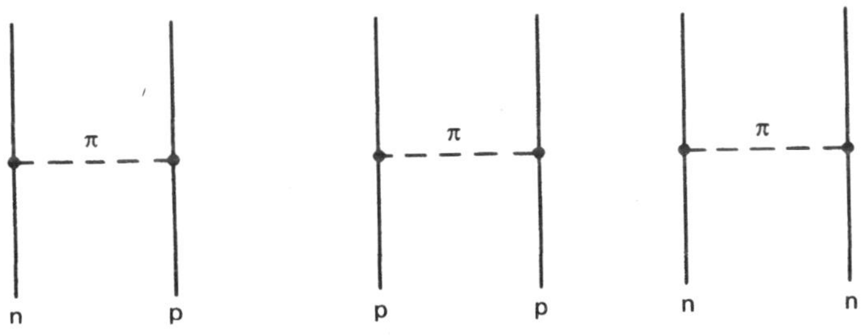

Figura 4.8
Secondo la spiegazione di Yukawa, la forza nucleare è originata dallo scambio di un pione virtuale (π) tra due protoni e/o neutroni, in stretta analogia con lo scambio di fotoni virtuali (mostrato in fig. 4.3) che causa la forza elettromagnetica.

a che fare con l'interazione forte sono di gran lunga più difficili, e che i risultati di approssimazioni in cui si considera solo un piccolo numero di mesoni sono molto meno affidabili.

Nel modello di Yukawa si può incorporare anche un'altra caratteristica della forza nucleare. Ricordiamo dal paragrafo 3.5 che un neutrone può trasformarsi in un protone con l'emissione di un elettrone e di un antineutrino. Analogamente possiamo supporre che un neutrone diventi un protone, e viceversa, con l'emissione di un mesone. La figura 4.9 rappresenta un processo di questo tipo, in cui un mesone virtuale viene scambiato tra un neutrone e un protone. Il mesone dovrà essere elettricamente carico perché si abbia conservazione della carica a ciascun vertice. In modo equivalente, possiamo dire che un mesone carico negativamente viaggia da sinistra verso destra o che un mesone positivo viaggia da destra verso sinistra. L'effetto finale è lo 'scambio di identità' tra neutrone e protone. Per questa ragione la forza che ne risulta è chia-

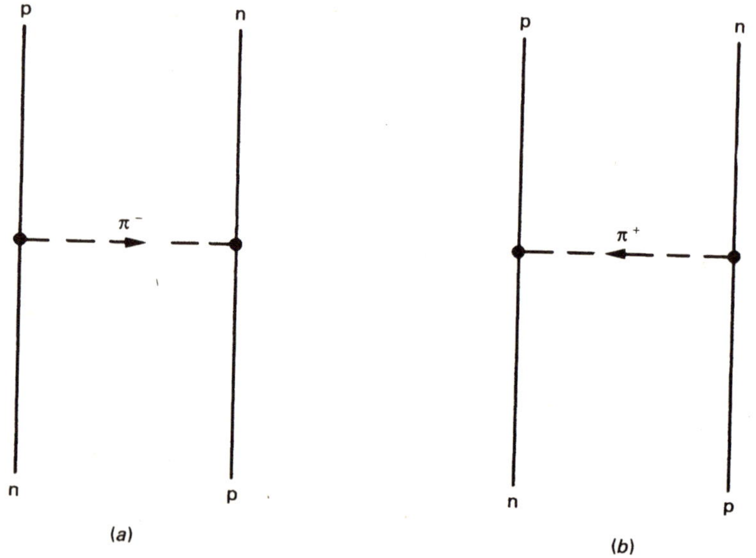

Figura 4.9
Scambiandosi un mesone carico (in (*a*) negativamente, in (*b*) positivamente) neutroni e protoni si scambiano anche le rispettive identità.

mata «forza di scambio». Un riscontro diretto dell'esistenza di processi di scambio viene dallo studio della diffusione tra neutroni e protoni, in cui talvolta si osservano protoni dove 'ci dovrebbero essere' dei neutroni.

Nel 1933 il fisico tedesco Otto Stern provocò una grande agitazione con l'annuncio della scoperta che il neutrone possiede un campo magnetico. A prima vista l'origine di questo campo sembra misteriosa, perché il neutrone è elettricamente neutro.

Il campo magnetico del neutrone può essere spiegato per mezzo della teoria di Yukawa. Nel paragrafo precedente abbiamo visto che le particelle cariche sono circondate da una nube di fotoni virtuali. Allo stesso modo, neutroni e protoni sono circondati da «pioni virtuali», alcuni dei quali sono carichi (fig. 4.10). Una verifica diretta dell'esistenza di queste nubi viene da esperimenti di diffusione con elettroni, i quali non sono soggetti alla forza nucleare, ma sono comunque diffusi dall'interazione elettromagnetica con i pioni carichi virtuali. L'effetto finale di questo brulicare di cariche è la creazione di un campo magnetico (il fenomeno può essere oggi spiegato in modo più completo grazie alla

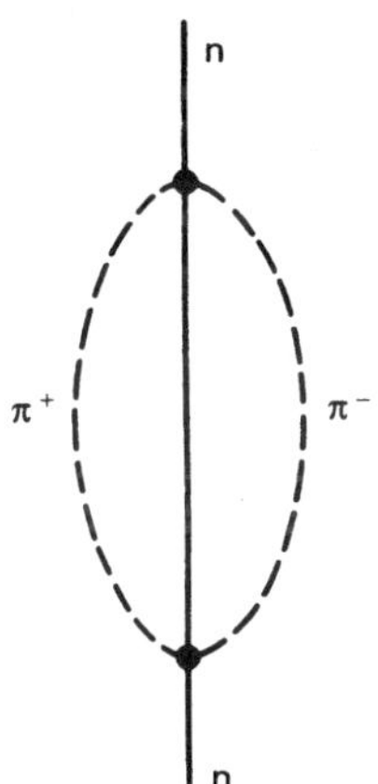

Figura 4.10
Un neutrone ha proprietà elettriche perché è circondato da una nube di mesoni virtuali carichi, ma in totale risulta neutro perché le cariche positive e quelle negative sono sempre in numero uguale (cfr. fig. 4.5).

teoria dei quark). Nel caso del neutrone, il campo magnetico è uguale a quello che sarebbe prodotto da una particella puntiforme di spin 1/2 e carica negativa di 1,9 unità.

Un discorso simile vale per il protone che, pur avendo la stessa carica e spin del positrone, ha un momento magnetico 2,8 volte maggiore; questo effetto può essere attribuito alla nube di pioni virtuali carichi. Vediamo insomma che le proprietà di una particella sono determinate dal tipo di forze che agiscono su di essa.

Forse, la previsione più clamorosa della teoria di Yukawa fu quella dell'esistenza dei pioni, particelle di nuovo tipo, del tutto insospettata fino a quel momento. Inizialmente i pioni erano stati introdotti come messaggeri, particelle puramente virtuali che servivano a trasmettere la forza nucleare tra i nucleoni. Per studiare i pioni direttamente è necessario crearne di reali. A questo scopo dobbiamo fornire energia sufficiente a estinguere il 'debito', relativo al principio di Heisenberg, che condanna i pioni virtuali a un'esistenza precaria.

L'energia necessaria può provenire da protoni che collidono ad alta velocità negli acceleratori di particelle. A identificare per la prima volta dei pioni reali tra i prodotti della collisione di raggi cosmici fu, nel 1946, il fisico britannico Cecil Powell. Come ci si aspettava, ce ne sono di tre tipi: un pione elettricamente neutro, π^0, con massa 264,1 volte quella dell'elettrone, uno carico positivamente, π^+, con massa 273,1 volte quella dell'elettrone, ed uno negativo, π^-, ancora con massa 273,1 volte quella dell'elettrone. In effetti, i pioni carichi $\pi^\pm$ sono l'uno l'antiparticella dell'altro. Come era stato inoltre previsto, tutti e tre i pioni hanno spin zero; sono quindi bosoni.

Il motivo per cui i pioni non fanno parte della materia ordinaria è che sono altamente instabili, e decadono in una minuscola frazione di secondo con un processo simile al decadimento beta del neutrone. Questo processo ha a che fare con una forza nucleare di tipo completamente nuovo, che ora illustreremo.

4.4 *Un primo sguardo all'interazione debole*

Nonostante il suo grande successo, la teoria di Yukawa non può spiegare tutti i processi nucleari. Il decadimento beta, per esempio, non può essere descritto mediante l'interazione forte, perché vi partecipano elettroni e neutrini, che non risentono di questa forza. Dal punto di vista storico, la teoria del decadimento beta precedette di un anno il lavoro di Yukawa. Nel 1934, infatti, Fermi costruì una teoria del decadimento beta anch'essa basata sull'analogia con l'interazione elettromagnetica. Processi come il decadimento del neutrone possono essere spiegati solo introducendo un'ulteriore forza fondamentale che dia luogo alla disintegrazione. Rispetto ai tempi usuali delle reazioni nucleari, i 15 minuti di vita media del neutrone sono un intervallo molto lungo, indizio di un processo molto debole. La quarta forza fondamentale che conosciamo è dunque chiamata «interazione debole», in contrasto con l'interazione forte.

Piuttosto che discutere il decadimento del neutrone

$$n \rightarrow p + e^- + \bar{\nu}$$

concentriamo la nostra attenzione su un processo più simmetrico:

$$n + \nu \rightarrow p + e^- .$$

(Ricordiamo che i due processi sono essenzialmente il medesimo, se consideriamo l'assorbimento di un neutrino da parte del neutrone come equivalente all'emissione di un antineutrino.) Potremmo disegnare un diagramma come quello della figura 4.11, nel quale un neutrone e un neutrino entrano in una zona ristretta e ben determinata, dalla quale emergono un protone e un elettrone. Per analogia con le interazioni elettromagnetiche e di Yukawa siamo portati a pensare che questa trasmutazione avvenga per mezzo dello scambio di una particella messaggera di nuovo tipo (quanto virtuale di campo), indicata con la lettera W (figg. 4.12 e 4.13). Chiaramente, W deve trasportare carica elettrica (W^+ o W^-), dal momento che l'interazione trasferisce carica negativa da sinistra verso destra, ovvero carica positiva da destra verso sinistra.

L'interazione può essere vista come distruzione di un neutrone e simultanea creazione di un protone al vertice sinistro, e come scomparsa di un neutrino e apparizione di un elettrone al vertice destro. In modo equivalente, possiamo pensare che il neutrone 'si trasformi' in un protone e in una particella W^-, la quale viene poi assorbita da un neutrino che si trasforma così in elettrone. Naturalmente, la W può anche essere pensata come se si muovesse nella direzione opposta (come W^+). Tutti questi modi di descrivere il processo sono essenzialmente equivalenti.

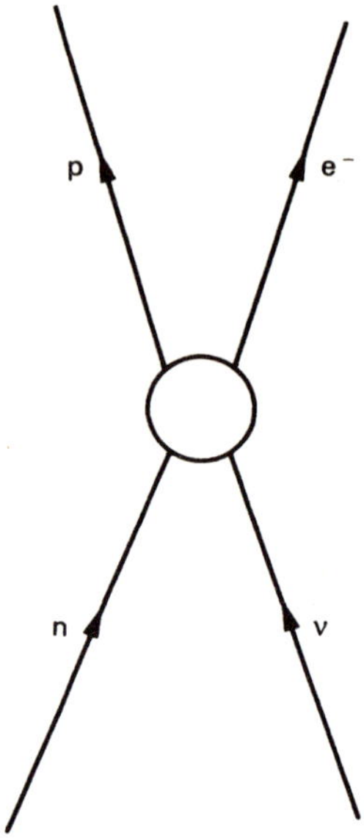

Figura 4.11
Rappresentazione schematica dell'interazione debole $n + \nu \rightarrow p + e^{-}$, dove il cerchio rappresenta un processo sconosciuto.

Per comprendere queste notevoli trasmutazioni, è utile approfondire l'analogia con l'elettrodinamica (cfr. anche fig. 4.3). Quando due elettroni interagiscono con lo scambio di un fotone virtuale, ciascuno di essi può essere pensato come una minuscola corrente elettrica che produce (o assorbe) il fotone. Allo stesso modo, potremmo considerare la linea neutrone-protone come una sorta di corrente, non elettrica, di nuovo tipo: una «corrente debole» (per via dell'interazione 'debole'). In altri termini, neutrone e protone possono essere visti come 'carichi' di una nuova qualità, la 'debolezza'. Possiamo pensare che la carica debole passi dal neutrone al protone nella trasmutazione descritta dal vertice di sinistra. Analogamente, il neutrino trasporta una carica debole e la passa all'elettrone. Naturalmente le antiparticelle ($\overline{p}$, $\overline{n}$, e^{+}, $\overline{\nu}$) trasportano carica debole di segno opposto. Altre particelle, come i fotoni, non hanno carica debole.

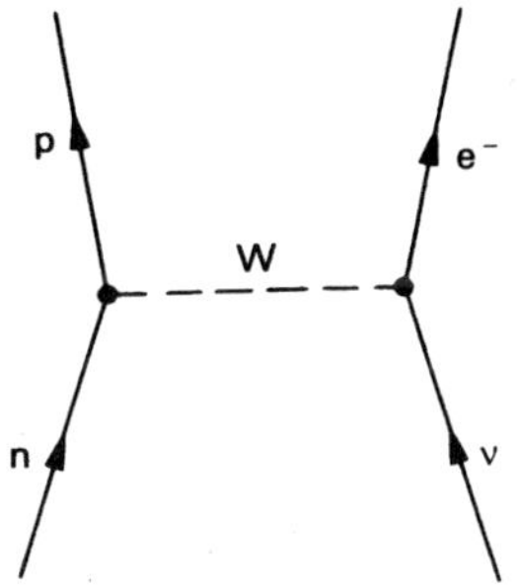

Figura 4.12
In analogia con le figure 4.3 e 4.8, l'interazione debole è qui raffigurata come dovuta allo scambio di un nuovo quanto virtuale, indicato con W. Perché si abbia conservazione della carica elettrica a ciascun vertice, W deve essere carico.

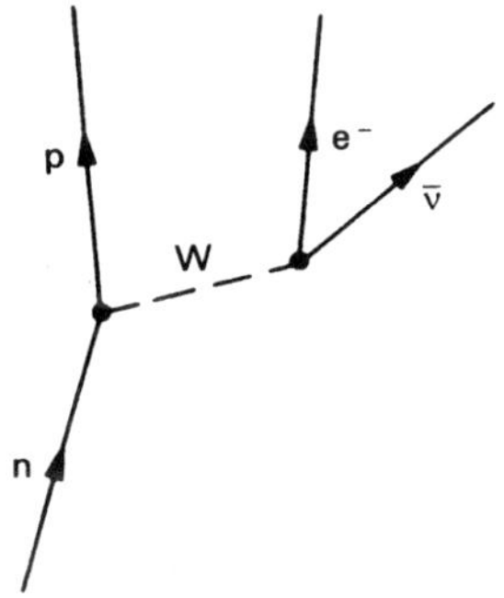

Figura 4.13
Decadimento beta del neutrone. Il processo qui rappresentato equivale in sostanza a quello mostrato nella figura 4.12.

Cariche e correnti deboli sono molto simili a quelle elettriche. La differenza principale è il raggio cortissimo dell'interazione debole che, naturalmente, è regolato dalla massa della particella messaggera W.

Come la teoria di Yukawa, così questa teoria dell'interazione debole prevede che, fornendo energia a sufficienza, si possano creare particelle reali: in questo caso si tratterà di particelle W. Da tempo si era stabilito che, avendo la forza debole raggio molto più corto (meno di 10^{-2} fm), la W doveva avere una massa davvero cospicua, e quindi era ben più difficile da riprodurre in laboratorio. Per osservarla direttamente fu necessario infatti attendere l'entrata in funzione del grande acceleratore protone-antiprotone al laboratorio del CERN (Centro Europeo per la Ricerca Nucleare) di Ginevra. All'inizio del 1980 fu annunciato che la W era stata osservata, e che la sua massa era 80 volte quella del protone.

Un'altra caratteristica che distingue l'interazione debole dalle altre è che si manifesta più col cambiare il tipo delle particelle che non il loro moto. Il problema fondamentale è dunque di capire come l'interazione debole possa spiegare trasmutazioni di particelle come il decadimento beta. La teoria originale di Fermi era in grado di dare una descrizione convincente di queste trasmutazioni, compreso l'esatto spettro di energia delle particelle beta. Con la scoperta di nuovi processi in cui era in gioco l'interazione debole la teoria originale dovette essere modificata. Ritorneremo su questo punto nel paragrafo 6.3.

4.5 *Il muone*

Nel paragrafo 4.3 abbiamo detto che i pioni sono instabili e soggetti a rapido decadimento. Vogliamo parlare ora di un'altra particella, chiamata «muone» (indicata con il simbolo μ). Il μ^- è praticamente un fratello maggiore dell'elettrone: ha la stessa carica elettrica e lo stesso spin, ma una massa molto più grande (per l'esattezza di 206,8 volte). Il μ^+ e il μ^- sono uno l'antiparticella dell'altro.

Lo schema principale secondo cui decadono i pioni è il seguente:

$$\pi^- \rightarrow \mu^- + \bar{\nu}$$

$$\pi^+ \rightarrow \mu^+ + \nu.$$

Il tempo di dimezzamento per questi processi è di $2{,}6 \times 10^{-8}$ s.

In realtà, i muoni furono scoperti nel 1937, prima dei pioni, durante la ricerca del mesone di Yukawa nei raggi cosmici. Infatti, i muoni costituiscono una notevole percentuale della radiazione cosmica che raggiunge la superficie terrestre. Non furono considerati per il ruolo di particelle di Yukawa perché, come gli elettroni, non sono soggetti alle interazioni forti. Per di più non hanno lo spin giusto e la loro massa è troppo piccola.

Anche il muone è instabile, e decade in un elettrone (o in un positrone) con un tempo di dimezzamento di $2{,}2 \times 10^{-6}$ s:

$$\mu^- \rightarrow e^- + \nu + \bar{\nu}$$

$$\mu^+ \rightarrow e^+ + \bar{\nu} + \nu.$$

L'esistenza di questi nuovi modi di decadimento solleva il problema della natura della forza che li regola. La presenza dei neutrini suggerisce che la forza responsabile possa essere quella debole. Ed è effettivamente così, anche se questi processi sono molto più rapidi del decadimento beta. La ragione di ciò può essere individuata nel fatto che, nella teoria di Fermi, il tempo di dimezzamento dipende in modo sostanziale dalla velocità dei prodotti del decadimento. Nel decadimento del pione e del muone, le masse a riposo dei prodotti sono molto più piccole di quelle delle particelle originarie, per cui rimane una gran quantità di energia che si ritrova come energia cinetica. Le particelle prodotte si muovono con velocità molto prossima a quella della luce, il che spiega il brevissimo tempo di dimezzamento.

Lo schema di decadimento del muone pone un altro problema; a prima vista non sembra esserci alcuna ragione perché i decadimenti

$$\mu^- \rightarrow e^- + e^+ + e^-$$

oppure

$$\mu^- \rightarrow e^- + \gamma$$

non debbano aver luogo. Tuttavia, tutte le ricerche volte a rivelare questi processi hanno dato risultati negativi.

Un classico esperimento effettuato nel 1962 a Brookhaven (New York) lasciò intravedere una possibile spiegazione. Un raggio di pioni venne lasciato decadere, e i neutrini risultanti furono diretti su un bersaglio di alluminio posto all'interno di uno speciale rivelatore chiamato «camera a scintillazione». Questo apparecchio registra le particelle cariche veloci mediante una scarica elettrica che può essere fotografata. Anche se i neutrini interagiscono in modo davvero molto debole, ogni tanto gli sperimentatori potevano osservare dei muoni che uscivano dal bersaglio, generati mediante la reazione

$$n + \nu \rightarrow p + \mu^-.$$

Tuttavia, non si osservarono mai elettroni generati secondo la nota reazione

$$n + \nu \rightarrow p + e^-.$$

Questi fatti possono essere spiegati ammettendo che i neutrini siano, in realtà, di più tipi. I neutrini associati con la produzione di elettroni sono chiamati «neutrini elettronici» (indicati con il simbolo ν_e), e quelli associati con la produzione di muoni sono chiamati «neutrini muonici» (ν_μ). Quindi, nel decadimento del neutrone e in quello del pione avremo rispettivamente

$$n \rightarrow p + e^- + \overline{\nu}_e$$

e

$$\pi^- \rightarrow \mu^- + \overline{\nu}_\mu.$$

Nell'esperimento di Brookhaven si erano usati neutrini muonici, che potevano dar luogo alla produzione di muoni, ma non di elettroni.

In realtà, nel decadimento del muone intervengono tutt'e due le specie di neutrini:

$$\mu^- \rightarrow e^- + \overline{\nu}_e + \nu_\mu$$
$$\mu^+ \rightarrow e^+ + \nu_e + \overline{\nu}_\mu.$$

Elettroni, muoni e neutrini sono chiamati collettivamente «leptoni». Si verifica che anche se i leptoni possono essere creati o distrutti, il numero totale di leptoni meno il numero totale di antileptoni non cambia. Questa proprietà è espressa di solito mediante il concetto di «numero leptonico», una qualità invisibile di cui tutti i leptoni sono portatori. Alle particelle e^-, μ^-, ν_e, ν_μ viene assegnato numero leptonico $+1$, e alle loro antiparticelle numero leptonico -1. La legge di conservazione del numero leptonico stabilisce allora che in una qualunque trasmutazione il numero leptonico totale non cambia. Si verifica facilmente che questa legge vale per tutti i processi discussi finora. Per esempio, nel decadimento del μ^- il numero leptonico del muone è $+1$, e quello dei prodotti è $+1$ per l'e^-, -1 per il $\overline{\nu}_e$ e $+1$ per il ν_μ, per un totale di $+1$.

Inoltre, le particelle che appartengono alla famiglia dell'elettrone (e^+, e^-, ν_e, $\overline{\nu}_e$) hanno un numero leptonico di tipo differente da quelle della famiglia del muone (μ^-, μ^+, ν_μ, $\overline{\nu}_\mu$). Da quello che si può vedere, pare che ogni tipo di numero leptonico, sia elettronico che muonico, si conservi separatamente. Questo spiega perché il decadimento $\mu \rightarrow e + \gamma$ non viene osservato: un tale processo lascerebbe invariato il numero leptonico totale, ma la trasmutazione di un muone in un elettrone altererebbe la natura del numero leptonico, dal tipo muonico a quello elettronico.

Anche se muoni ed elettroni appartengono a differenti famiglie di leptoni, le modalità della loro partecipazione all'interazione debole sono essenzialmente identiche. Se i neutroni non decadono in muoni, è solo per mancanza di energia, tanto è vero che si osserva il decadimento inverso con la cattura di un muone da parte di un protone:

$$p + \mu^- \rightarrow n + \nu_\mu.$$

Questi eventi si verificano quando i muoni vengono catturati da nuclei atomici pesanti e formano 'atomi muonici'. Le orbite dei muoni sono circa 200 volte più piccole delle corrispondenti orbite elettroniche, e quindi c'è una probabilità abbastanza alta che un muone venga a trovarsi all'interno del nucleo, dando luogo alla suddetta reazione. Un attento confronto tra le percentuali di cattura dell'elettrone e del muone conferma che l'intensità dell'interazione è la stessa nei due casi; questa è una buona prova del fatto che le due particelle si accoppiano agli altri fermioni mediante la stessa interazione debole.

Una verifica decisiva dell'equivalenza tra muone ed elettrone è il decadimento del pione. All'inizio degli esperimenti sembrava che il pione decadesse sempre in un muone, ma in seguito si scoprì che in un evento su ottomila circa si produceva un elettrone o un positrone:

$$\pi^- \rightarrow e^- + \bar{\nu}_e$$

$$\pi^+ \rightarrow e^+ + \nu_e.$$

Un'altra elegante conferma della speciale relazione tra elettrone e muone viene dallo studio dei loro momenti magnetici. Ricordiamo dal paragrafo 4.2 che il campo magnetico di un elettrone (dovuto al suo spin) può essere calcolato con grandissima precisione, perché questo non ha intorno a sé una nube di pioni virtuali, soggetti all'interazione forte, che sommergano le delicate correzioni elettromagnetiche. C'è solo una nube di fotoni virtuali il cui effetto può essere considerato, a causa della relativa debolezza della forza elettromagnetica, come una piccola perturbazione. Supponendo che le due particelle differiscano solo per la massa, calcoli accurati forniscono lievi correzioni al momento magnetico dell'elettrone (cfr. p. 116) e del muone, correzioni che hanno diverse cifre significative e sono confermate dagli esperimenti.

Nel 1974 fu scoperto un altro leptone, con una vita media di circa 10^{-13} s. Con una massa di 1784 MeV questa nuova particella è alquanto più pesante dell'elettrone e del muone. Si suppone che questo nuovo leptone, chiamato «particella τ», abbia associato un neutrino (ν_τ), che tuttavia non è stato ancora rivelato. Il numero totale di leptoni assomma ora a sei.

Finora non abbiamo menzionato il decadimento del π^0. I principali prodotti sono due fotoni gamma: $\pi^0 \rightarrow 2\gamma$. Il tempo di dimezzamento è $0{,}8 \times 10^{-16}$ s, molto più breve di quello del π^+ e del π^-. Questo fatto, unitamente all'assenza di neutrini, suggerisce che l'interazione responsabile non sia quella debole. La presenza dei fotoni implica che c'è di mezzo la forza elettromagnetica, un'ipotesi che risulta essere corretta nonostante il π^0 sia elettricamente neutro. Una comprensione appropriata del decadimento del π^0 è fornita dalla teoria dei quark (cfr. § 6.1). Modi di decadimento più rari sono $\pi^0 \rightarrow e^+ + e^-$ e $\pi^0 \rightarrow 2e^+ + 2e^-$.

Prima di chiudere questo capitolo vorrei dire due parole sul carattere davvero effimero di particelle come il muone e il pione, che decadono in tempi estremamente brevi rispetto a quelli che noi possiamo percepire. Il π^0, per esempio, vive solo per un decimilionesimo di miliardesimo di secondo. Potrebbe sembrare sorprendente che si possa venire a sapere dell'esistenza di entità così fugaci.

Un'unità di misura adatta per i brevi intervalli di tempo della fisica subatomica è data dal tempo impiegato dalla luce per attraversare un protone o un neutrone: appena 10^{-24} s. Su questa scala, la vita media di un muone (2×10^{-6} s) è quasi infinita, dal momento che in tale intervallo la luce può percorrere centinaia di metri. Molto spesso le particelle si muovono con velocità prossima a quella della luce, e quindi un muone può tranquillamente attraversare un grande laboratorio per tutta la sua lunghezza prima di decadere. Ce n'è quanto basta per fare esperimenti e studiare i dettagli del suo comportamento.

C'è un altro fattore che contribuisce alla longevità delle particelle elementari. Secondo la teoria della relatività, la scala temporale di una particella che si muova a velocità prossima a quella della luce risulta allungata rispetto a quella del laboratorio. La dilatazione temporale implica che il muone, anche se ha una vita media di soli 2 μs nel proprio sistema di riferimento, rispetto al laboratorio possa vivere molto più a lungo, e percorrere chilometri prima di disintegrarsi. Infatti, i primi muoni ad essere scoperti furono quelli prodotti dal bombardamento dei raggi cosmici sull'alta atmosfera, che viaggiano intatti fino alla superficie terrestre.

Uno dei modi più suggestivi per osservare l'attività delle particelle subatomiche è di utilizzare la «camera a bolle», inventata nel 1952 dal fisico americano Donald Glaser. Questo rivelatore è costituito da un recipiente riempito con un liquido trasparente che viene surriscaldato. Il liquido si viene a trovare cioè in una condizione di instabilità e si mette a bollire al minimo disturbo, anche microscopico. Una particella carica e dotata di sufficiente energia, attraversando il recipiente ionizzerà delle molecole lungo il suo percorso, con formazione di una traccia di minuscole bollicine.

Un antenato della camera a bolle è la «camera a nebbia», inventata nel 1911 dal fisico britannico Charles Wilson, che utilizza tracce di goccioline in un gas supersaturo.

Capitolo 5

La simmetria nel mondo microscopico

Dopo la seconda guerra mondiale, il rapido sviluppo degli acceleratori ha permesso di far collidere protoni, elettroni e altre particelle a energie sempre maggiori. È nato così un nuovo campo della fisica: la fisica delle alte energie. Queste macchine imprimono una spinta alle particelle cariche mediante campi elettrici e magnetici, di solito lungo tubi circolari. Le dimensioni dei grandi acceleratori sono dell'ordine dei chilometri. Per esempio, al CERN si sta attualmente terminando di costruire il LEP (*large electron-positron ring*, grande anello elettrone-positrone), situato in una galleria circolare lunga ventisette chilometri. È in corso di progettazione una nuova macchina americana che sarà notevolmente più grande.

Con queste macchine si possono far collidere le particelle subatomiche a velocità molto prossime a quella della luce e a energie pari a molte volte quella corrispondente alla loro massa a riposo. In queste collisioni vengono prodotte particelle nuove in gran numero. I fisici si trovano quindi di fronte a una situazione simile a quella della chimica del secolo scorso, quando agli scienziati si poneva il problema di ordinare gli elementi in modo significativo.

Nonostante la complessità del mondo subatomico, le particelle non si comportano del tutto a caso; si osservano anzi non poche regolarità e analogie. Nello studiare il gran numero di processi in cui le particelle interagiscono, i fisici sono stati in grado di semplificare notevolmente la loro descrizione del mondo subatomico in base a considerazioni di simmetria.

L'idea di simmetria ci è familiare in arte e in architettura, e la si incontra in molti aspetti della natura; si pensi, per esempio, alla forma regolare di un fiocco di neve, o quella sferica del Sole. D'altra parte anche l'asimmetria, o rottura di simmetria, è importante in natura. Un esempio tipico è quello della struttura della molecola del DNA, che contiene il codice genetico dei sistemi viventi. Il DNA che si osserva ha la forma di un'elica sinistrorsa, e non esiste un DNA destrorso.

La simmetria delle forme naturali riflette la simmetria delle leggi fisiche sottogiacenti; i fisici si sono resi conto già da molto tempo della profonda connessione esistente tra simmetrie geometriche e leggi della meccanica. Tuttavia, non è vero l'opposto: la presenza di un'asimmetria non implica necessariamente che anche le leggi siano asimmetriche. Per esempio, un DNA destrorso sarebbe fisicamente possibile. Un altro esempio è il seguente: un'asticella tenuta in posizione verticale e poi lasciata cadere finirà distesa a terra secondo una certa direzione, rompendo così la simmetria rotazionale intorno al proprio asse verticale iniziale, nonostante le sottogiacenti leggi della meccanica continuino a godere della simmetria rotazionale.

Le scoperte della fisica delle alte energie hanno richiesto l'introduzione di tipi di simmetria del tutto nuovi, che non hanno alcun corrispettivo nell'esperienza di tutti i giorni. Queste simmetrie 'astratte' hanno un ruolo fondamentale nell'organizzazione dei processi nucleari e subnucleari, e sono inoltre alla base delle recenti idee sull'unificazione delle forze della natura.

5.1 *Legge e ordine fra le particelle*

Fino dall'antica Grecia l'uomo ha sperato che la complessa varietà dei fenomeni naturali potesse essere ricondotta, in ultima analisi, all'attività di pochi blocchi costitutivi fondamentali, o particelle elementari, interagenti tramite un piccolo numero di forze basilari.

Agli inizi della fisica atomica sembrava ipotizzabile che elettroni, protoni e forse poche altre particelle fossero più che sufficienti per spiegare la materia. Questa immagine così semplice si dissolse quando si cominciò a scoprire un numero crescente di particelle subatomiche.

Per fortuna, il mondo delle particelle subatomiche non è del tutto caotico. Molti processi che sarebbero concepibili in realtà non avvengono affatto: non si osservano protoni trasformarsi in positroni, o elettroni in neutrini; i muoni non decadono in fotoni o i neutroni in pioni.

Perché? Quali sono le regole che stabiliscono un ordine e una disciplina almeno parziali in questa confusione?

Nella fisica classica vi sono regole che governano le interazioni della materia. Per le particelle, le più ovvie di queste regole sono le leggi di conservazione dell'energia e della quantità di moto, che dicono che l'energia totale e la quantità di moto totale devono essere gli stessi prima e dopo un qualunque processo (cfr. § 1.1). Quando si tiene conto degli effetti relativistici, nell'energia totale bisogna includere la massa, a causa dell'equivalenza $E = mc^2$. Abbiamo inoltre la conservazione del momento angolare intrinseco o spin, una regola molto importante perché spesso si incontrano particelle subatomiche dotate di spin. Come è stato spiegato in precedenza (cfr. § 2.7), il momento angolare intrinseco e quello dovuto allo spostamento della particella sono differenti, e quindi ci si può aspettare che siano conservati entrambi, cosa che effettivamente si verifica.

Le leggi di conservazione della massa-energia, della quantità di moto e dello spin sono altrettanti esempi di leggi di conservazione 'dinamiche', perché riguardano il modo con cui i corpi materiali si muovono. Ci sono anche leggi che stabiliscono la conservazione di altre quantità, non connesse con il moto, come la carica elettrica. Nessun esperimento è mai riuscito a creare o distruggere la carica elettrica (naturalmente, è sottinteso che una carica positiva può essere creata insieme a un'uguale quantità di carica negativa). Nella fisica subatomica, la carica è sempre un multiplo dell'unità fondamentale: la carica dell'elettrone. La legge di conservazione della carica dice che, prima e dopo una qualunque trasformazione, il numero totale di unità di elettricità deve essere lo stesso.

Verifichiamo che i processi esaminati finora obbediscono a tutte queste regole di conservazione. La prima trasformazione menzionata nel capitolo 3 era stata il decadimento del neutrone

$$\mathrm{n} \rightarrow \mathrm{p} + \mathrm{e}^- + \bar{\nu}_\mathrm{e}.$$

Prima di tutto, c'è massa-energia disponibile a sufficienza? La massa del neutrone è 939,57 MeV, quella del protone 938,28 MeV e quella dell'elettrone 0,51 MeV. L'antineutrino è probabilmente senza massa. In totale la massa a secondo membro è di 938,79 MeV, e quindi il neutrone ha un bel po' di energia in avanzo (più della massa di un elettrone), che è distribuita fra le tre particelle prodotte.

Il decadimento del neutrone conserva anche lo spin: tutt'e quattro le particelle hanno spin 1/2, e quindi se due delle particelle prodotte hanno spin diretti in senso opposto in modo da annullarsi a vicenda, la terza potrà avere ancora lo spin 1/2 del neutrone. La conservazione della carica elettrica è rispettata in maniera analoga: il neutrone e il neutrino non hanno carica, e la carica positiva unitaria del protone annulla la carica negativa unitaria dell'elettrone.

Se si scambiano alcune delle particelle entranti con le rispettive antiparticelle uscenti, le leggi di conservazione della carica e dello spin sono ancora rispettate, ma la conservazione dell'energia può venire violata. Così, dalla reazione riportata sopra si ottiene

$$p + e^- \rightarrow n + \nu_e,$$

ma la somma delle masse a riposo, a primo membro, è inferiore alla massa a riposo del neutrone, e quindi questa reazione è un processo 'in salita'; di conseguenza, non potrà avvenire se l'elettrone e il protone sono a riposo. Tuttavia, se vengono fatti collidere a una velocità sufficiente perché il moto possa fornire l'energia mancante, o se il protone è legato a un nucleo di modo che si possa avere un contributo dall'energia di legame, allora la reazione avrà luogo (in effetti, questo è uno dei modi del decadimento beta; cfr. pp. 88 sg.).

Come altro esempio, si consideri il decadimento del pione carico

$$\pi^- \rightarrow \mu^- + \bar{\nu}_\mu \rightarrow e^- + \bar{\nu}_e + \bar{\nu}_\mu + \nu_\mu.$$

Le masse in MeV di π^-, μ^- ed e^- sono rispettivamente 139,57, 105,66 e 0,51, e quindi c'è una grande abbondanza di energia disponibile. Il pione ha spin 0, tutte le altre particelle hanno spin 1/2. Le due particelle della coppia μ^-, $\bar{\nu}_\mu$ vengono create con spin opposti di modo che il loro spin totale è zero, come dev'essere. Poi il muone decade in e^-, $\bar{\nu}_e$ e ν_μ, e gli spin delle quattro particelle finali si elidono due a due. Ad ogni passo della reazione c'è un'unità negativa di carica.

In tutti questi casi si conserva anche la quantità di moto. Un buon esempio di conservazione della quantità di moto è stato già descritto a pagina 98. Questa legge proibisce l'annichilazione di una coppia particella-antiparticella per dar luogo a un fotone singolo: per esempio, $e^- + e^+ \nrightarrow \gamma$.

Nella fisica classica, oltre alle quattro leggi che descrivono il fatto che alcune quantità non cambiano in qualunque processo naturale, c'è anche una legge universale 'asimmetrica' che regola il modo in cui i processi sono organizzati, e che ha un'importanza pari a quella delle leggi di conservazione nel controllare gli eventi del mondo microscopico.

Nel mondo macroscopico, la materia e l'energia sono organizzate in modo da rispettare la seconda legge della termodinamica. Questa legge può essere espressa in molte maniere equivalenti e si applica universalmente ai sistemi più disparati come stelle, gas, cristalli ed esseri umani. Detto alla buona, la seconda legge stabilisce che qualunque cambiamento rende il sistema fisico nel suo complesso un po' più disordinato. Perciò, a differenza dell'enunciato di una legge di conservazione, che impone la costanza di una certa quantità, la seconda legge della termodinamica dice che il disordine diventa sempre maggiore via via che i processi naturali si svolgono.

Un esempio della seconda legge è la tendenza dei sistemi fisici a dirigersi verso lo stato di minima energia dissipando quella in eccesso. Così, un pendolo che oscilla perderà gradualmente energia sotto forma di calore e alla fine si fermerà nel punto più basso. Analogamente, nella fisica microscopica, il decadimento di un atomo eccitato o di un nucleo radioattivo è un esempio di come l'energia ordinata racchiusa nell'atomo si disperde nell'universo sotto forma di fotoni o di raggi alfa o beta.

La tendenza dell'energia a 'esplodere' e a sfuggire nell'ambiente circostante è evidente in ogni momento. Uno degli esempi più lampanti di energia racchiusa è la massa. La massa di una particella non è altro che energia in una forma rigidamente ordinata, e non appena le sia data la minima possibilità si disintegra con violenza. Questo è quello che succede nell'urto di un elettrone con un positrone: l'energia confinata nelle masse delle particelle viene liberata e si disperde sotto forma di raggi gamma. La stessa cosa avviene nel decadimento del neutrone, del pione o del muone. L'energia cerca sempre di evadere dalla prigionia di una particella dotata di massa e si suddivide in particelle più leggere. Talvolta si osserva un'intera successione di transizioni verso un maggiore disordine.

Consideriamo, per esempio, il decadimento del pione carico:

$$\begin{aligned} \pi^- \rightarrow\ & \mu^- + \bar{\nu}_\mu \\ & \searrow \\ & \quad e^- + \bar{\nu}_e + \nu_\mu . \end{aligned}$$

Quella che all'inizio era un'energia di 139,57 MeV, tranquillamente racchiusa nella massa del pione, finisce con l'essere sparpagliata tra quattro particelle che fuggono con velocità prossima a quella della luce, tra cui l'elettrone, che verosimilmente produrrà numerosi fotoni nei suoi incontri con altre particelle. Il risultato finale è che una massa-energia ordinata si trasforma nel volo disordinato di una folla di particelle.

In tutti i casi, una particella dotata di massa tende a decadere in particelle più leggere; per una particella, avere una massa significa essere in grave pericolo. Ma allora, com'è possibile che elettroni e protoni conservino la loro massa senza essere soggetti a decadimento?

La stabilità dell'elettrone si spiega facilmente: la sola particella più leggera di spin 1/2 è il neutrino, che è elettricamente neutro. Quindi l'elettrone è salvato dalla conservazione della carica. I neutrini e gli elettroni si trovano in fondo a due diversi canali di disintegrazione, uno per le particelle neutre e uno per quelle cariche.

La situazione del protone è meno chiara. Perché non può decadere in un positrone e, per esempio, in un pione neutro:

$$p \rightarrow e^{+} + \pi^{0} \,?$$

Questa reazione rispetta tutte le leggi classiche di conservazione (di energia, carica, spin e quantità di moto) ed è in accordo con la tendenza naturale verso il disordine. Il protone è precariamente appollaiato molto più in alto del positrone, con una massa enormemente più grande intrappolata dentro di sé. Che cosa impedisce a questa massa-energia di esplodere?

A meno che non esista una qualche legge della natura che proibisca il decadimento del protone, le proprietà statistiche della meccanica quantistica ci dicono che esiste una probabilità finita che il decadimento avvenga. Sembra cioè che nel mondo microscopico accada effettivamente tutto quello che la natura non vieta. Dal momento che le leggi di conservazione classiche non riescono a impedire il decadimento del protone, ci deve essere una legge di conservazione di nuovo tipo che agisce in modo sconosciuto al mondo macroscopico di tutti i giorni, ma che esercita un rigido controllo sui processi microscopici quantistici. Supponiamo che il protone possegga una proprietà di nuovo tipo, analoga alla carica elettrica, e che questa proprietà sia assente nel positrone. Allora potremmo spiegare come mai il protone non decade in un positrone: c'è una legge di natura che stabilisce che questa nuova proprietà deve essere conservata. Questo analogo della carica elettrica è il «numero barionico» (dal greco *barýs*, che significa 'pesante'). Come la carica, il numero barionico può assumere solo valori interi, e per il protone viene fissato in $+1$. Il numero barionico dell'antiprotone è -1. Tutte le particelle più leggere hanno numero barionico 0: sono quindi barionicamente neutre. Un «barione» è una qualunque particella avente numero barionico diverso da zero.

Quando un protone e un antiprotone collidono il numero barionico totale è zero, e quindi la legge di conservazione del numero barionico non impedisce al sistema di decadere in particelle più leggere e barionicamente neutre. Per esempio

$$p + \overline{p} \rightarrow \pi^+ + \pi^- + \pi^0.$$

Nel processo di trasformazione del neutrone in protone

$$n \rightarrow p + e^- + \overline{\nu}_e$$

(o viceversa) il secondo membro ha numero barionico $+1$ e quindi, per la legge di conservazione, anche il neutrone deve avere numero barionico $+1$. L'antineutrone ha numero barionico -1.

Il numero barionico differisce dalla carica elettrica per il fatto che non sembra essere associato a un campo di forza a lungo raggio. Non è possibile rivelare onde di campo barionico o forze barioniche in modo analogo alle onde e alle forze elettromagnetiche. Ma la legge di conservazione del numero barionico, per quanto artificiosa possa sembrare, è di vitale importanza. Se la sua validità dovesse venir meno, tutta la materia dell'universo sarebbe in pericolo.

Per verificare la conservazione dei barioni sono stati fatti vari esperimenti volti a rivelare il decadimento del protone. Per il momento è stato possibile stabilire, per la vita media del protone, un limite inferiore intorno ai 10^{32} anni (lo si confronti con l'età dell'universo che è dell'ordine di 10^{10} anni); questo significa che osservando un ammasso di 10^{32} protoni per un anno non se ne vede decadere nemmeno uno. Questa è una conferma convincente della legge di conservazione dei barioni. Tuttavia gli esperimenti vanno avanti: secondo alcune recenti teorie il protone potrebbe essere leggermente instabile, e decadere con una vita media più lunga di 10^{32} anni (cfr. § 6.4).

Il concetto di numero barionico è simile a quello di numero leptonico, già discusso nel paragrafo 4.5. Le leggi di conservazione del numero barionico e del numero leptonico proibiscono (oppure, se non sono leggi assolute, rendono difficilissimi) molti processi che altrimenti potrebbero avvenire in accordo con le altre leggi di conservazione.

È interessante notare che tutti i fermioni menzionati finora hanno numero barionico o leptonico diverso da zero, mentre i bosoni sono neutri in tutti e due i sensi. Una conseguenza di questo fatto è che barioni e leptoni possono essere creati o distrutti solo a coppie, in modo che il numero leptonico e barionico totale sia conservato, mentre fotoni e pioni possono apparire e scomparire in qualsiasi numero.

Per ricapitolare i risultati di questo paragrafo possiamo dire che tutte le particelle subatomiche sono provviste di 'etichette', che consentono di classificarle per specie e sono strettamente legate al modo in cui le particelle si comportano e interagiscono. Alcune di queste etichette, come la massa, la carica e lo spin, sono semplicemente versioni su scala ridotta di quantità familiari del mondo macroscopico (anche se la natura di 'giro doppio' dello spin intrinseco non ha un esatto corrispettivo). D'altro canto, proprietà quali il numero barionico o il numero leptonico ci appaiono misteriose perché non si manifestano nella vita di tutti i giorni. È come se non potessimo 'leggere' queste etichette con i nostri strumenti macroscopici, dal momento che esse non producono forze o campi osservabili. Tuttavia, le particelle subatomiche le possono leggere e si comportano di conseguenza.

Le etichette permettono alle particelle di riconoscersi e di sapere come reagire. Ogni particella, in misura maggiore o minore, interagisce con tutte le altre, venendo ad esempio sfiorata da un neutrino o annichilata - è il caso di protone e antiprotone - nell'incontro esplosivo con la propria antiparticella. La lettura delle etichette da parte delle particelle è una sorta di percezione: alcune, come il neutrino, sono cieche alla carica elettrica ma vedono il numero leptonico; altre, come il protone, vedono la carica elettrica e il numero barionico, e così via.

Le leggi di conservazione portano un ordine parziale nel caos. Per quanto le varie particelle possano interagire in innumerevoli modi, vi è in tutto ciò un accenno di organizzazione. Molti processi sono proibiti e altri sono regolati. Se le particelle di cui si è discusso finora fossero le sole esistenti, forse per una teoria completa della materia e delle forze ci accontenteremmo di queste leggi, senza indagare ulteriormente. Tuttavia, le continue scoperte di nuove entità non solo rendono necessaria l'introduzione di ulteriori etichette, ma prefigurano un mondo ben più complesso e articolato di fenomeni subatomici.

5.2 Simmetria e leggi di conservazione

Una trattazione adeguata della simmetria è possibile solo nel contesto di una matematica avanzata ed è al di là dello scopo di questo libro; tuttavia, le idee essenziali sono abbastanza familiari e facili da capire. Per fissare le idee, consideriamo qualche semplice figura geometrica piana: quadrato, triangolo equilatero, cerchio (fig. 5.1). Ciascuna di esse ha ricche e interessanti proprietà di simmetria. Forse la più familiare, comune a tutt'e tre, è la simmetria speculare. Se si appoggia uno specchio, perpendicolarmente alla pagina, su una delle linee tratteggiate (provate), le figure non cambiano: in ciascun caso la parte sinistra della figura è l'immagine riflessa della parte destra. Una maniera un po' originale di esprimere questo fatto è di dire che le figure sono «invarianti per riflessioni» rispetto agli assi corrispondenti alle linee tratteggiate. Si noti che ciascuna figura ha diversi assi di simmetria speculare: il quadrato ne ha quattro, tre ne ha il triangolo e un numero infinito il cerchio (si ottiene l'effetto voluto appoggiando lo specchio su un diametro qualunque).

In queste figure si possono trovare altre simmetrie. Se il triangolo viene fatto ruotare di 120°, 240° o 360° intorno al punto centrale, appare identico a prima. Il quadrato può essere ruotato nelle quattro posizioni a 90°, 180°, 270° e 360° a partire da quella iniziale, e rimane uguale. Diciamo allora che queste figure sono «invarianti per rotazioni» di multipli di 120° e 90° rispettivamente. Nel caso del cerchio, una qualunque rotazione intorno al centro lascia la figura invariata. Vediamo

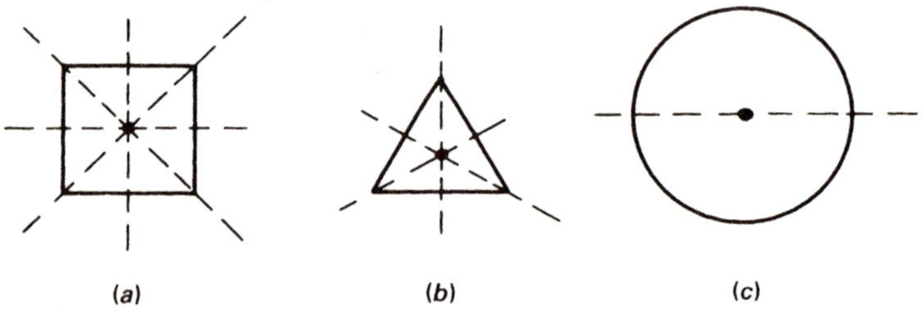

Figura 5.1
Esempi di simmetria di riflessione; ribaltata intorno a un asse (linee tratteggiate), ogni figura resta uguale a se stessa.

allora che le simmetrie sono di due tipi distinti: simmetrie «continue» e «discrete». La rotazione del cerchio è un'operazione continua, che lascia comunque immutata la figura iniziale. Viceversa, le rotazioni del quadrato e del triangolo, così come le simmetrie speculari, sono discrete.

Può essere interessante considerare il concetto di simmetria da un altro punto di vista, chiedendoci, ad esempio, che cosa rende la simmetria del cerchio superiore a quella del quadrato. Un modo di vedere la cosa consiste nel dire che il quadrato ha 'più struttura' del cerchio: rispetto a un quadrato, un cerchio è povero di punti di riferimento. Potremmo distruggere la simmetria rotazionale del cerchio appiattendolo un poco, o applicandovi un segno da qualche parte: in tutti e due i casi il risultato è che abbiamo aggiunto nuovi punti di riferimento e nuova struttura. La regola generale è quindi che un sistema con pochi punti di riferimento ha un maggior numero di simmetrie.

L'esempio estremo di sistema privo di punti di riferimento è forse lo spazio vuoto. Nulla cambia se immaginiamo di farlo ruotare, e rimarrebbe lo stesso anche se fosse spostato (cioè traslato) in una direzione qualunque. In maniera equivalente, possiamo dire che lo spazio vuoto è lo stesso in tutte le direzioni e in ogni punto. Inoltre, lo spazio vuoto non cambia per riflessioni speculari. Queste osservazioni elementari possono essere precisate dicendo che la struttura geometrica dello spazio (le distanze e gli angoli) è invariante per rotazioni e traslazioni continue, nonché per riflessioni rispetto a un piano qualunque.

In questo mondo vuoto e privo di punti di riferimento c'è anche una simmetria temporale. In un vuoto nel quale nulla accade un istante vale l'altro: non c'è nulla che li distingua. Abbiamo quindi un'invarianza per traslazioni nel tempo. Inoltre c'è un'invarianza per riflessioni nel tempo, chiamate «inversioni temporali»: dal momento che non si svolge alcun processo, non è possibile distinguere se una data direzione temporale corrisponde al passato o al futuro.

Nel mondo reale lo spazio non è completamente vuoto. Vi sono campi, particelle e processi complicati. Può darsi allora che le simmetrie che per lo spazio vuoto sono esatte siano in realtà valide solo approssimativamente, o addirittura non valide affatto. Per esempio, nel sistema solare direzioni diverse non sono equivalenti, perché guardando verso il Sole o in direzione opposta si ha una vista molto differente. Per molti scopi, tuttavia, queste violazioni della perfetta simmetria non sono così importanti e possono essere ignorate, con buona approssimazione.

Per fare un esempio, si consideri una particella isolata che si trovi da qualche parte nello spazio cosmico. Potrebbe trattarsi di una palla da biliardo o di un atomo (ignoreremo gli effetti quantistici): in ogni caso, supporremo che il Sole o le altre particelle siano troppo lontani per avere un'influenza apprezzabile su di essa, e che gli effetti dei vari campi siano trascurabili. Se la particella fuggisse improvvisamente in una certa direzione ci sorprenderemmo, e penseremmo di non aver tenuto conto di una qualche forza esterna. Noi confidiamo in effetti che in assenza di forze la particella resterà dov'è, e la base di questa fiducia è proprio la convinzione indiscussa che lo spazio è simmetrico per traslazioni. Se una parte di spazio è uguale a qualunque altra, perché allora un luogo dovrebbe distinguersi per l'arrivo improvviso di una particella? E ancora, perché una particella dovrebbe scegliere una certa direzione per fuggire, piuttosto che un'altra?

Ragionamenti simili possono essere fatti anche per le rotazioni. Non ci aspettiamo che un corpo si metta a girare improvvisamente senza essere sottoposto a forze esterne; in effetti, perché mai dovrebbe ruotare in un senso, per esempio orario, piuttosto che nel senso opposto? Inoltre un corpo ruota intorno a un certo asse, che definisce una particolare direzione nello spazio. Se lo spazio è simmetrico per rotazioni non ci sono direzioni privilegiate. Quindi non ci aspettiamo che un corpo si metta a girare spontaneamente.

Queste osservazioni, dettate da un rozzo buonsenso, sono traducibili in linguaggio matematico rigoroso, e mostrano quanto è profonda e potente la connessione tra le simmetrie geometriche dello spazio da una parte e il comportamento dinamico dei corpi materiali dall'altra. Infatti, la proibizione di cambiamenti spontanei del moto equivale all'enunciato delle leggi di conservazione della quantità di moto e del momento angolare. La simmetria dello spazio rispetto alle traslazioni comporta direttamente la conservazione della quantità di moto per le particelle, mentre la simmetria rispetto alle rotazioni implica la conservazione del momento angolare. Si può inoltre dimostrare che la conservazione dell'energia discende dalla simmetria rispetto alle traslazioni temporali (un istante vale l'altro). Si vede quindi che le leggi fisiche più profonde e generali seguono dal fatto elementare, intuitivo, che lo spazio vuoto e il tempo sono privi di punti di riferimento. Quale esempio migliore si potrebbe trovare per dimostrare la potenza del concetto di simmetria nello stabilire un ordine in natura?

A questo punto sorge un'interessante domanda. Le simmetrie geometriche dello spazio e del tempo saranno rispettate automaticamente da tutte le forze della natura? Certamente, la teoria elettromagnetica di Maxwell contiene tutte le simmetrie fin qui discusse, così come la migliore descrizione della gravità che siamo in grado di dare. Per molto tempo i fisici hanno supposto che anche le forze nucleari dovessero godere delle simmetrie geometriche al completo. È chiaro che sarebbe allarmante se le leggi di conservazione dell'energia, della quantità di moto e del momento angolare non dovessero essere valide nel mondo subnucleare. D'altra parte, le simmetrie geometriche di riflessione spaziale e inversione temporale appartengono a una categoria differente perché sono discrete invece che continue.

Come si può verificare la validità di queste simmetrie discrete per le leggi fisiche? Un modo di affrontare la questione è quello di porre la seguente domanda: se si riprende un filmato di un qualche processo naturale e lo si proietta su uno specchio (oppure se si scambiano il dietro e il davanti della pellicola), ci si accorgerà del falso? L'immagine riflessa è forse un processo chiaramente impossibile? Analogamente, se si fa scorrere la pellicola all'indietro, si vedrà un processo che viola le leggi fisiche?

Per fare un semplice esempio, supponiamo che il filmato mostri una sfera rotante (fig. 5.2). L'asse di rotazione definisce una particolare direzione che possiamo contrassegnare con una retta. Se la sfera è vista nello specchio, il suo senso di rotazione appare invertito, cioè il senso orario e quello antiorario vengono scambiati. Vediamo insomma una sfera rotante in senso opposto. In questo non c'è nulla di strano, e non potremmo dire che l'immagine nello specchio è fasulla. Naturalmente, se un esame più attento rivelasse che la sfera è proprio la Terra, il trucco diventerebbe manifesto, perché vedremmo l'alba avanzare sui continenti procedendo da ovest invece che da est. Ma quello che noi vogliamo verificare è la simmetria delle leggi fisiche, non la simmetria del mondo reale. Nel mondo delle particelle subatomiche non ci sono 'continenti' che permettano di distinguere una particella dall'altra, e quindi queste complicazioni accidentali non sorgono.

L'esempio della sfera rotante serve anche a illustrare la simmetria rispetto a inversioni temporali, perché se si fa scorrere il film all'indietro si vedrà ancora una rotazione in senso opposto. A meno di non sapere qualcosa del funzionamento interno del proiettore, non saremo in grado di distinguere quale delle due sequenze si svolge in avanti e

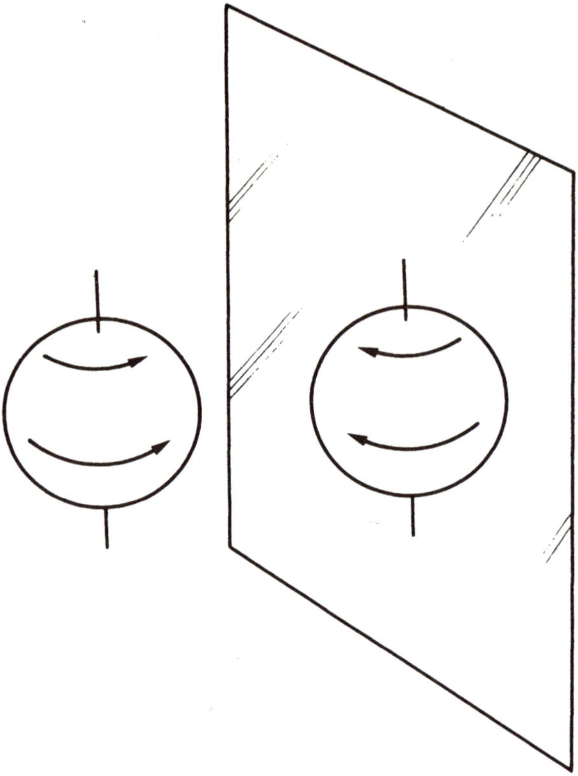

Figura 5.2
Simmetria speculare. La sfera ruota in senso orario nel mondo reale, e in senso antiorario nel mondo dello specchio. Vedremmo ancora una rotazione in senso antiorario se proiettassimo all'indietro il film della sfera rotante.

quale all'indietro: se la sfera è priva di punti di riferimento, le due situazioni appaiono dal punto di vista fisico ugualmente possibili. Anche se per i sistemi complessi del mondo di tutti i giorni siamo di solito in grado di accorgerci immediatamente se un film viene proiettato all'indietro, nel mondo microscopico non c'è nulla di speciale nell'inversione dello spin. La stessa cosa è vera per altri processi che ci sono familiari, quali l'urto e la disintegrazione di particelle: la loro inversione temporale non ci appare affatto miracolosa. Cominciamo a sospettare qualcosa solo quando vengono invertiti processi ai quali prendono parte molte particelle. Per esempio, se il film della disintegrazione spontanea di un neutrone in p, e^- e $\bar{\nu}_e$ venisse proiettato all'indietro, l'improbabile triplo incontro di un protone, un elettrone e un neutrino ci lascerebbe alquanto scettici. Quanto ai processi macroscopici, poi, le probabilità contrarie alla loro inversione sono astronomiche.

Non c'è contraddizione tra l'invarianza delle leggi fisiche rispetto all'inversione nel tempo e la tendenziale asimmetria temporale, menzionata nel paragrafo precedente, dovuta al fatto che tutti i sistemi dissipano la loro energia e si dirigono verso la situazione di massimo disordine. Infatti, l'invarianza anzidetta si riferisce alle leggi che governano le particelle individuali, e l'asimmetria temporale alla loro organizzazione collettiva.

La simmetria ci appare ovvia nelle figure geometriche (cfr., ad esempio, fig. 5.1), ma può manifestarsi in molti altri modi. Un esempio già visto è quello della simmetria temporale. In fisica ci sono poi altre simmetrie, non direttamente connesse con lo spazio o con il tempo, che risultano essere della massima importanza. Un caso semplice è la simmetria discreta dell'inversione di carica elettrica. Abbiamo già detto che l'elettrone e il positrone possono essere descritti come particelle speculari, tanto che in un certo senso possiamo pensare all'uno come alla carica 'riflessa' dell'altro (ma dobbiamo considerare l'immagine riflessa anche di altre quantità, come lo spin e il numero leptonico). Ci possiamo allora aspettare che le leggi della fisica siano invarianti rispetto alla riflessione di carica proprio come lo sono rispetto alle riflessioni spaziali e temporali. Vedremo in seguito in che modo ciascuna di queste tre simmetrie discrete risulta valida in pratica. Tuttavia, esiste un interessante teorema matematico che, sotto ipotesi poco restrittive e che nessuno metterebbe seriamente in dubbio, afferma l'invarianza delle leggi fisiche rispetto all'azione combinata delle operazioni di riflessione spaziale, inversione temporale e riflessione di carica. Queste operazioni sono di solito indicate rispettivamente con le lettere P, T e C (si usa la lettera P per la riflessione spaziale perché questa operazione è anche nota come cambio di 'parità'), per cui il teorema in questione è noto come «teorema CPT».

5.3 *Simmetria speculare e sua violazione*

In molti sistemi fisici le particelle si muovono in un campo di forza che è simmetrico per riflessioni. Per esempio, il campo elettrostatico del nucleo atomico non cambia se spostiamo ogni punto dello spazio nella posizione simmetrica rispetto all'origine, in questo caso coincidente con il nucleo. Si vede poi che la forma d'onda quantistica di una particella in un campo di forza simmetrico possiede anch'essa una particolare simmetria, illustrata nella figura 5.3. Nel caso della figura 5.3*a* si dice che la forma d'onda è «pari». Più precisamente, l'ampiezza ψ dell'onda non cambia per riflessioni ($\psi \to \psi$). Nella figura 5.3*b* la forma d'onda è descritta come «dispari», perché $\psi \to -\psi$. Perciò, in tutti e due i casi il valore assoluto di ψ è simmetrico, ma in (*b*) il segno di ψ cambia. Di una forma d'onda, sia essa pari o dispari, si dice che ha una «parità definita». Le forme d'onda pari hanno parità positiva, quelle dispari hanno parità negativa.

Talvolta si assegna il numero di parità $+1$ o -1 alle forme d'onda rispettivamente pari o dispari. A differenza di altri numeri quantici che, come la carica elettrica o il numero barionico, sono additivi, la parità è moltiplicativa. Il significato di questo termine è che la parità di un sistema composto da più particelle è uguale al prodotto delle parità delle particelle individuali.

Il fatto che le forme d'onda degli elettroni atomici possiedono una parità definita, positiva o negativa, fu scoperto negli anni venti. L'utilità del concetto di parità sta nel fatto che la parità di uno stato quantico stazionario non varia nel tempo. Per esempio, una forma d'onda non può cambiare di colpo la sua parità da positiva a negativa: la parità si conserva.

La situazione è differente per le transizioni atomiche. Un caso tipico è quello in cui un elettrone salta da parità positiva a negativa (o viceversa) con l'emissione o l'assorbimento di un fotone. Tuttavia, in questi casi si vede che la forma d'onda del fotone ha parità negativa, e quindi la parità totale si conserva.

Questi concetti possono essere estesi, in generale, a tutta la fisica delle particelle. Si può considerare ogni tipo di particella come dotato di una prppria 'parità intrinseca' che determina le proprietà, rispetto alla riflessione, del sistema che la crea o la distrugge. Così, i pioni hanno parità

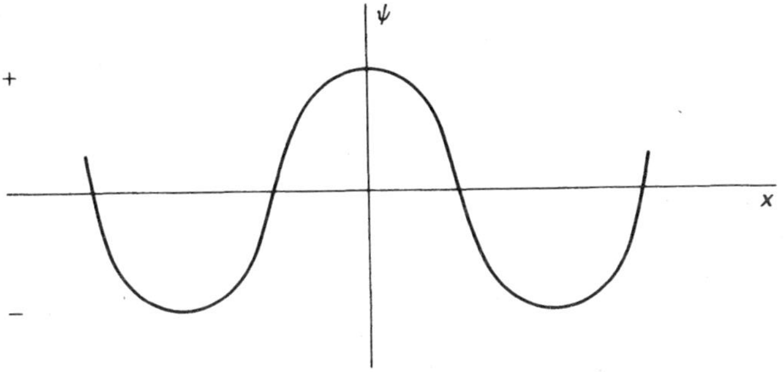

(a)

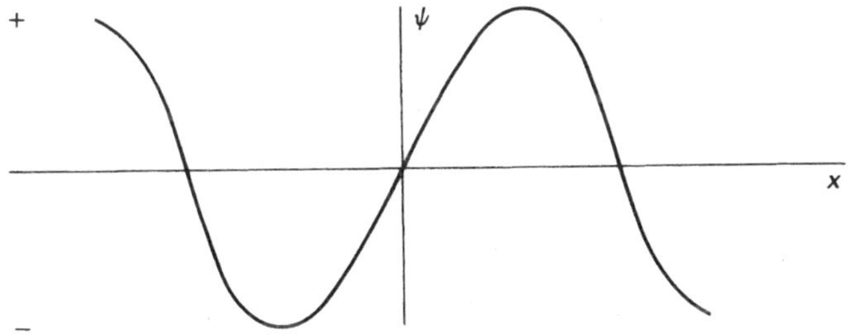

(b)

Figura 5.3
Forme d'onda pari e dispari: in (*a*) l'onda ψ non cambia per riflessione rispetto alla verticale; in (*b*) cambia di segno.

negativa, i protoni e i neutroni parità positiva, e così via. Se si applicano queste idee coerentemente, si vede che la legge della conservazione della parità è valida per tutti i processi ai quali prendono parte le interazioni elettromagnetica e forte, anche se le particelle vengono create o distrutte.

La legge suddetta è utile per stabilire delle regole di selezione per le transizioni. Alcune transizioni, che si potrebbero ritenere altrimenti possibili, non avvengono proprio perché violerebbero la conservazione della parità. Per esempio, non esistono transizioni atomiche tra stati di uguale parità; possono aver luogo senza violare la legge solo se, per esempio, vengono emessi due fotoni invece di uno, ma questo processo è molto più lento. Allo stesso modo, in fisica nucleare, le forme d'onda quantistiche dei nucleoni hanno parità definita, e certe reazioni nucleari che a prima vista sembrano permesse non avvengono perché comporterebbero cambiamenti di parità.

La determinazione delle parità intrinseche comporta spesso ragionamenti involuti. Per esempio, consideriamo il caso del pione. Un π^- può essere catturato da un nucleo di deuterio, che si rompe quindi in due neutroni:

$$\pi^- + d \rightarrow n + n.$$

Il pione ha spin zero e quando viene catturato ha momento angolare orbitale nullo. Il deuterone ha spin 1 perché gli spin del protone e del neutrone di cui è costituito sono allineati. Il momento angolare totale della parte a sinistra è quindi uguale a 1. Per la legge di conservazione del momento angolare, il momento angolare totale dei due neutroni deve essere ancora uguale a 1. C'è un solo stato quantico compatibile sia con questa condizione che con il principio di esclusione di Pauli, ed è uno stato con parità negativa. Quindi, se la parità si conserva, anche il sistema pione-deuterone deve avere parità negativa. Dal momento che lo stato orbitale del pione e il deuterone hanno entrambi parità positiva, la parità intrinseca del pione deve essere negativa.

Verso la metà degli anni cinquanta i fisici erano in difficoltà nel tentare di interpretare alcuni strani processi di decadimento debole. Due cino-americani, Tsung Dao Lee e Chen Ning Yang avanzarono l'ardita ipotesi che l'interazione debole violasse la parità. Anche se la conservazione della parità non era mai stata messa in dubbio, nessuno aveva mai verificato questa supposizione per l'interazione debole. Un altro fisico cino-americano, Chien-Shiung Wu, fece allora un esperimento, rimasto un classico, per determinare le proprietà delle interazioni deboli rispetto alla riflessione.

L'esperimento consisteva nell'esaminare la direzione in cui le particelle beta vengono emesse dai nuclei di cobalto 60. Lo scopo era di determinare se c'è una relazione tra questa direzione e quella del vettore di spin del nucleo di cobalto, come si vede nella figura 5.4. La Wu trovò che gli elettroni uscivano preferibilmente in direzione opposta a quella del vettore di spin. Vista in uno specchio, questa tendenza

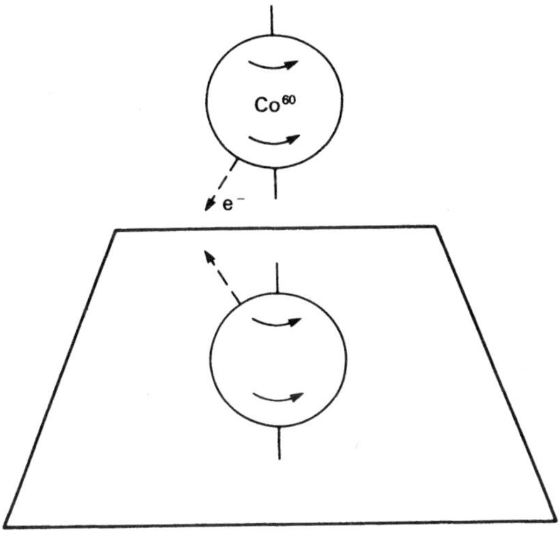

Figura 5.4
Violazione della parità. L'esperimento di Wu dimostra che le particelle beta emesse nel decadimento di nuclei di Co^{60} escono di preferenza nella direzione opposta a quella del vettore di spin nucleare. Vista in uno specchio, l'asimmetria risulta invertita.

risulta invertita, e quindi è chiaro che il decadimento ha una 'mano' preferenziale. In altri termini, se si proiettasse un filmato dell'esperimento dopo averlo fatto riflettere su di uno specchio, un fisico si accorgerebbe che l'immagine è riflessa, perché il processo speculare è impossibile. In conclusione, l'esperimento dimostra direttamente che nel decadimento beta la parità non si conserva.

Risulta anzi che la non-conservazione della parità è un aspetto generale delle interazioni deboli. Una dimostrazione evidente è il decadimento del muone

$$\mu^- \rightarrow e^- + \bar{\nu}_e + \nu_\mu$$

ovvero

$$\mu^+ \rightarrow e^+ + \nu_e + \bar{\nu}_\mu.$$

Anche se non è possibile osservare direttamente le vicende dei neutrini, quando il muone decade si può misurare sia la direzione del suo spin che quella dell'elettrone (o del positrone) emesso. Si vede allora che, anche se l'elettrone può puntare in un ampio ventaglio di direzioni, preferisce quelle dalle quali lo spin del muone è visto come orario.

La situazione è rappresentata nella figura 5.5. Si osservi l'immagine speculare del decadimento. Quando viene riflesso nello specchio, lo spin del muone appare invertito (da sinistrorso diventa destrorso) e l'elettrone sceglie di emergere in una direzione dalla quale il muone appare ruotare in senso antiorario. Lo specchio altera la relazione tra la direzione dello spin e quella della particella emergente in quanto lo spin è un vettore assiale, mentre la direzione del moto dell'elettrone è un vettore polare (cfr. § 1.1).

Se si analizza allo stesso modo il decadimento del μ^+, si vede che

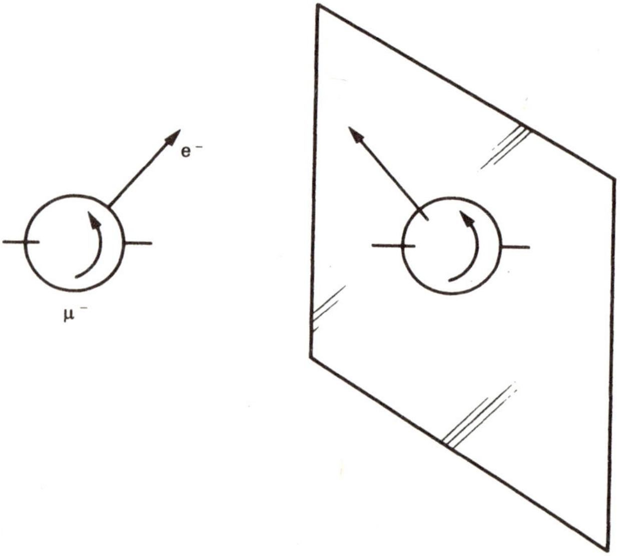

Figura 5.5
Violazione della parità. Quando il μ^- decade, è più facile che l'elettrone esca verso destra rispetto all'asse di spin (vengono anche emessi due neutrini, che qui non sono raffigurati). Chiaramente questa tendenza è asimmetrica rispetto alle riflessioni: l'immagine speculare mostra l'elettrone che punta verso sinistra. Quest'ultimo comportamento lo si osserva nel decadimento dell'antiparticella.

la situazione è rovesciata e appare come nell'immagine speculare della figura 5.5. Inoltre questa inversione è esatta: si ha un'asimmetria identica, ma nella direzione opposta. Questo fatto va d'accordo con la simmetria tra materia e antimateria, e implica che le leggi che regolano il decadimento del muone sono invarianti rispetto alla combinazione delle due operazioni di inversione di parità P e coniugazione di carica C (quest'ultima cambia μ^+ in μ^-). Quindi, anche se P è violata, CP rimane una simmetria.

La scoperta della violazione (cioè della non-conservazione) della parità nelle interazioni deboli fu un bello scossone nel mondo della fisica. Anche se in natura innumerevoli strutture complesse possiedono un senso di rotazione ben definito (ad esempio il DNA), l'esistenza di un senso di rotazione preferenziale nelle leggi della fisica ha un significato molto più profondo, perché implica che anche in assenza di strutture complesse la natura distingue fra destra e sinistra. Fino ad allora si era sempre supposto che ciò non fosse possibile, così come non c'è distinzione naturale tra alto e basso nello spazio vuoto.

5.4 *Particelle strane*

Verso la fine degli anni quaranta, l'osservazione delle cascate di particelle provocate dai raggi cosmici rivelò un'insolita presenza. Nel 1947, George Rochester e Clifford Butler, dell'Università di Manchester, ottennero fotografie in camera a nebbia in cui si vedevano tracce a forma di V che vennero interpretate come prodotti del decadimento di particelle pesanti di tipo nuovo. Tipicamente queste particelle si originano nell'urto di pioni negativi con protoni:

$$\pi^- + p \rightarrow \text{qualcosa di nuovo.}$$

Il risultato, come si può vedere dalla figura 5.6, è l'improvvisa scomparsa del pione, un salto di pochi centimetri in cui non si vede assolutamente nulla, e la formazione di tracce, a forma di V, causate da protoni e pioni. Questa successione di eventi fu interpretata come la produzione di particelle sconosciute elettricamente neutre, che successivamente decadono in pioni e protoni. Il fatto che le particelle intermedie siano elettricamente neutre spiega l'assenza di una traccia nella camera a nebbia.

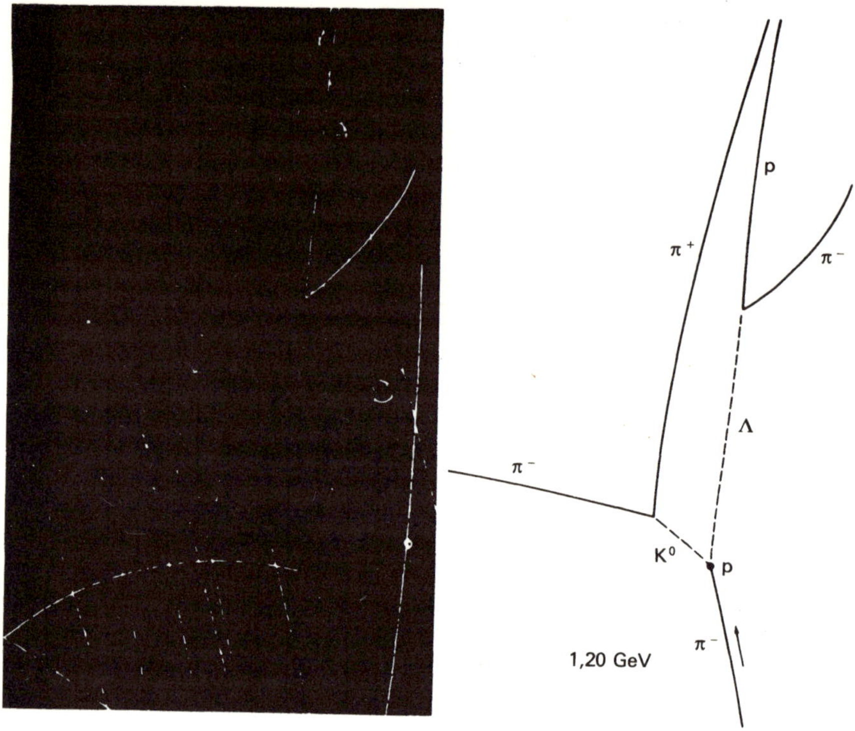

Figura 5.6
Fotografia eseguita in camera a nebbia che mostra la produzione di particelle strane. Un pione ad alta energia (in basso a destra) collide con un protone e dà luogo a due particelle strane, Λ e K^0. Essendo elettricamente neutre, queste non lasciano tracce, ma si vedono nella foto i prodotti del loro decadimento (p, π^- e π^+, π^-).

Furono identificati diversi nuovi tipi di particelle. Alcuni sono mesoni, più pesanti degli elettroni ma con numero barionico nullo. Questi nuovi mesoni sono più pesanti anche del pione. Prima di tutto abbiamo i «kaoni», o «mesoni K», che elettricamente possono essere sia carichi che neutri. Quindi, solitario, c'è il «mesone eta» (indicato con η), che è ancora più pesante ed elettricamente neutro.

Inoltre ci sono quattro gruppi di particelle che sono più pesanti del

TABELLA 5.1 Particelle a vita lunga (molto maggiore di 10^{-23} s); al simbolo di ogni particella segue, se diverso, quello della corrispondente antiparticella*

Famiglie			Particella	Simbolo	(MeV)	Carica (*e*)	Spin	Stranezza	Vita media (s)	Principali prodotti del decadimento
			Gravitone	g	0	0	2	0	∞	Stabile
			Fotone	γ	0	0	1	0	∞	Stabile
Leptoni			Neutrini	$\nu_e \bar{\nu}_e$	0(?)	0	1/2	0	∞	Stabile
				$\nu_\mu \bar{\nu}_\mu$	0(?)	0	1/2	0	∞	Stabile
				$\nu_\tau \bar{\nu}_\tau$	?	0	1/2	0	?	?
			Elettrone	$e^+ e^-$	0,51100	+1 −1	1/2	0	∞	Stabile
			Muone	$\mu^+ \mu^-$	105,66	+1 −1	1/2	0	$2{,}2 \times 10^{-6}$	$e \nu \bar{\nu}$
			Tauone	$\tau^+ \tau^-$	1784,2	+1 −1	1/2	0	$3{,}4 \times 10^{13}$	Adroni
Adroni	Mesoni		Pione	$\pi^+ \pi^-$	139,57	+1 −1	0	0	$2{,}6 \times 10^{-8}$	$\mu \nu$
				π^0	134,96	0	0	0	$0{,}8 \times 10^{-16}$	2γ
			Kaone	$K^+ K^-$	493,67	+1 −1	0	+1 −1	$1{,}2 \times 10^{-8}$	$\mu \nu \pi \pi^0$, $\pi^\pm \pi^+ \pi^-$
				$K^0 \bar{K}^0$	497,67	0	0	+1 −1	$0{,}9 \times 10^{-10}$	$2\pi^0$, $3\pi^0$, $\pi^+ \pi^-$
			Eta	η	548,8	0	0	0	$2{,}5 \times 10^{-19}$	2γ, $3\pi^0$, $\pi^0 \pi^+ \pi^-$
	Barioni	Nucleoni	Protone	$p \bar{p}$	938,28	+1 −1	1/2	0	$> 10^{39}$	Stabile (?)
			Neutrone	$n \bar{n}$	939,57	0	1/2	0	898	$p e \nu$
		Iperoni	Lambda	$\Lambda \bar{\Lambda}$	1115,60	0	1/2	−1 +1	$2{,}6 \times 10^{-10}$	$p \pi^-$, $n \pi^0$
			Sigma	$\Sigma^+ \bar{\Sigma}^+$	1189,36	+1 −1	1/2	−1 +1	$0{,}8 \times 10^{-10}$	$p \pi^0$, $n \pi^\pm$
				$\Sigma^0 \bar{\Sigma}^0$	1192,46	0	1/2	−1 +1	$5{,}8 \times 10^{-20}$	$\Lambda \gamma$
				$\Sigma^- \bar{\Sigma}^-$	1197,34	−1 +1	1/2	−1 +1	$1{,}5 \times 10^{-10}$	$n \pi^\mp$
			Xi	$\Xi^0 \bar{\Xi}^0$	1314,9	0	1/2	−2 +2	$2{,}9 \times 10^{-10}$	$\Lambda \pi^0$
				$\Xi^- \bar{\Xi}^-$	1321,3	−1 +1	1/2	−2 +2	$1{,}6 \times 10^{-10}$	$\Lambda \pi^\mp$
			Omega	$\Omega^- \bar{\Omega}^-$	1672,5	−1 +1	3/2	−3 +3	$0{,}8 \times 10^{-10}$	$\Xi^0 \pi^\mp$, $\Xi^\mp \pi^0$, $\Lambda K^\mp$

* La tabella è incompleta.

protone e del neutrone. In ordine crescente di massa, abbiamo la lambda (Λ) che è neutra, la sigma (Σ) con rappresentanti neutri e carichi, la xi (Ξ), chiamata un tempo 'particella cascata', anch'essa con le varietà neutre e cariche, e infine la omega (Ω) che è carica. Tutte insieme, queste particelle pesanti si chiamano «iperoni». La tabella 5.1 mostra le nuove particelle insieme a tutte le altre. La loro scoperta ha ampliato grandemente i confini della ricerca sui componenti fondamentali della materia.

Tutte queste nuove entità sono soggette all'interazione nucleare forte. Le particelle che interagiscono mediante interazione forte sono designate con il nome collettivo di «adroni». Gli adroni possono essere sia bosoni che fermioni. Tutti i mesoni sono bosoni: pioni, kaoni ed η hanno spin zero. Gli iperoni (così come i due nucleoni n e p) sono invece tutti fermioni: Λ, Σ e Ξ hanno spin 1/2; la Ω è una sorpresa, perché è un fermione con spin 3/2.

La scoperta delle nuove particelle generò un notevole sconcerto. Sono tutti adroni e decadono in adroni, e quindi ci si aspetterebbe che l'interazione responsabile del decadimento fosse quella forte. Ma questa è così potente che la reazione procede con la maggiore rapidità possibile: il tempo impiegato è limitato solo dalla velocità della luce. Per esempio, la produzione di Λ a partire da π^- e p richiede circa 10^{-23} s, cioè il tempo impiegato dalla luce per attraversare il raggio della forza nucleare (10^{-15} m). Una volta che il protone 'sa' della presenza del pione, la reazione ha luogo. Ci si potrebbe allora aspettare che anche il decadimento dei nuovi adroni proceda con tempi di dimezzamento dell'ordine di 10^{-23} s. Tuttavia, la tabella 5.1 mostra una situazione alquanto differente, poiché la maggior parte dei tempi di dimezzamento sono intorno ai 10^{-10} s: una discrepanza enorme. Questa peculiare 'ibernazione' ha fatto guadagnare alle nuove particelle il nome di «particelle strane».

La relativa lentezza del decadimento delle particelle strane suggerisce che esso sia dovuto non all'interazione forte, ma a quella debole. Evidentemente c'è qualcosa che impedisce alla prima di agire. La spiegazione fu trovata da Murray Gell-Mann e Kazuhiko Nishijima nel 1953. Abbiamo visto che il protone non può decadere a causa della legge di conservazione del numero barionico. Gell-Mann e Nishijima ipotizzarono che le particelle strane possiedano un analogo del numero barionico, chiamato «stranezza», che avrebbe la proprietà di conservarsi in tutte le interazioni forti (ed elettromagnetiche), ma non in quelle deboli.

Ecco come funziona questo schema. Hanno stranezza $+1$ i mesoni K^+ e K^0, -1 la Λ e tutte le Σ, -2 la Ξ^- e la Ξ^0, -3 la Ω. Tutte le altre particelle finora considerate hanno stranezza zero. Le particelle strane possono venire create a coppie di stranezza opposta, a partire da particelle non strane, per mezzo dell'interazione forte. Così, la reazione della figura 5.6,

$$p + \pi^- \rightarrow K^0 + \Lambda,$$

è un processo di interazione forte che è permesso perché K^0 ha stranezza $+1$, mentre Λ ha stranezza -1, e quindi la stranezza netta ammonta a zero su ambo i lati.

Quando si passa al decadimento di K^0 e Λ, tuttavia, la situazione è diversa, perché queste particelle, isolate, non possono decadere in protoni, neutroni, pioni e via dicendo senza violare la conservazione della stranezza; di conseguenza le interazioni forti ed elettromagnetiche sono loro precluse. Prima di scomparire devono invece attendere un intervallo di tempo ben più lungo, sufficiente perché agisca l'interazione debole. Dunque la legge di conservazione della stranezza, come quella della parità, ha la caratteristica curiosa di essere rispettata da alcune forze, ma non da tutte. È una legge di conservazione 'parziale'.

Naturalmente le antiparticelle hanno stranezza opposta a quella delle particelle corrispondenti. Consideriamo per esempio il trio costituito da Σ^+, Σ^- e Σ^0, che hanno tutte stranezza $+1$. Devono allora esistere tre antiparticelle, $\overline{\Sigma}^+$, $\overline{\Sigma}^-$ e $\overline{\Sigma}^0$, con stranezza -1. La situazione è diversa da quella del trio di pioni π^+, π^- e π^0, che a prima vista sembrerebbe simile. La stranezza dei pioni è zero, e quindi π^+ e π^- sono una l'antiparticella dell'altra, mentre π^0 è l'antiparticella di se stessa. Ma la Σ^+ non è l'antiparticella della Σ^- (anche le masse sono differenti): questo ruolo è riservato alla $\overline{\Sigma}^+$. Allo stesso modo $\overline{\Sigma}^0$ è fisicamente distinta dalla Σ^0. La situazione è analoga per i kaoni.

La legge di conservazione della stranezza limita drasticamente il numero di interazioni forti che possono aver luogo. I principali modi di decadimento delle particelle strane sono indicati nella tabella 5.1. Si noti che tutti gli iperoni possono decadere in un protone o in un neutrone, dal che si può dedurre che oltre alla stranezza hanno anche numero barionico $+1$. D'altra parte, K ed η hanno numero barionico zero, e possono decadere in leptoni.

5.5 Altre violazioni di simmetria

La scoperta della violazione della parità si rivelò per i fisici una lezione salutare. Nessuna simmetria era da considerare intoccabile solo perché elegante e apparentemente 'fondamentale'.

Era stato nel 1956 il comportamento dei mesoni K a mettere sull'avviso Lee e Yang sulla possibile violazione della parità, e furono ancora queste particelle a portare il successivo rivolgimento. Come abbiamo già detto, il K^0 non coincide con la propria antiparticella $\overline{K}^0$. La prima ha stranezza $+1$, la seconda -1, e la differenza si manifesta nel modo in cui esse reagiscono con le altre particelle. Per esempio, la reazione $K^0 + p \rightarrow K^+ + n$ è proibita, mentre ha luogo tranquillamente l'analoga per $\overline{K}^0$. Allo stesso modo, $K^0 + n \rightarrow K^- + p$ è proibita, ma non lo è l'analoga per $\overline{K}^0$.

Il principale modo in cui decadono sia K^0 che $\overline{K}^0$ è la formazione di pioni mediante interazione debole. Ma questa forza non conserva la stranezza, e quindi la distinzione tra le due particelle non ha importanza nei processi deboli. In effetti, l'interazione debole può cambiare K^0 in $\overline{K}^0$ e viceversa; potremmo pensare il kaone come una sovrapposizione delle due forme.

Per quello che riguarda l'interazione debole la quantità importante non è la stranezza ma la CP. Nel paragrafo 5.3 abbiamo visto che, anche se l'interazione debole viola l'invarianza di P, nel decadimento del muone la simmetria di CP si conserva. Né K^0 né $\overline{K}^0$ possiedono un valore di CP ben definito, ma è possibile trovare due loro sovrapposizioni che ce l'hanno. Nella prima le due onde quantistiche di K^0 e $\overline{K}^0$ sono esattamente in fase, nella seconda sono sfasate di mezza lunghezza d'onda. La prima è indicata col simbolo K^0_S e ha un valore di CP uguale a $+1$, la seconda è indicata col simbolo K^0_L e ha un valore di CP uguale a -1. Insomma, nelle interazioni forti, nelle quali la stranezza si conserva, le forme importanti del kaone sono K^0 e $\overline{K}^0$. Nelle interazioni deboli, invece, dobbiamo considerare K^0_S e K^0_L. Questa alternativa tra due possibili punti di vista ha una stretta analogia in ottica. Se due onde luminose piane polarizzate si sovrappongono con certe relazioni tra le fasi, si ha luce polarizzata circolarmente sia in senso orario che antiorario. I fotoni della luce polarizzata linearmente sono analoghi a K^0 e $\overline{K}^0$, mentre i fotoni polarizzati circolarmente corrispondono a K^0_S e K^0_L.

La distinzione tra K^0_S e K^0_L è importante nella determinazione dei modi di decadimento. Perché vi sia conservazione di CP, i prodotti del decadimento devono avere lo stesso valore di CP del kaone. Il K^0_S decade in due pioni (ad esempio $2\pi^0$) che hanno CP totale uguale a $+1$. D'altra parte, il K^0_L non può decadere in questo modo con conservazione di CP, perché ha CP uguale a -1, ma può decadere in tre pioni (ad esempio $3\pi^0$) che hanno appunto CP totale uguale a -1. Questo decadimento è molto più lungo (circa 10^{-7} rispetto a 10^{-10}), e i due pedici L ed S stanno infatti per 'lungo' (*long*) e 'corto' (*short*).

La natura ibrida del kaone ha alcune conseguenze curiose. Supponiamo di creare mediante interazioni forti un raggio di particelle K^0. Possiamo considerare le forme K^0 e $\overline{K}^0$ come sovrapposizioni di K^0_S e K^0_L proprio come K^0_S e K^0_L lo sono di K^0 e $\overline{K}^0$. Quindi il raggio di K^0 può essere considerato un misto di particelle K^0_S e K^0_L. Dopo 10^{-10} s la componente K^0_S sarà decaduta tramite interazione debole, lasciando solo la componente K^0_L.

Supponiamo ora che il raggio incontri della materia ordinaria: interagirà con essa mediante interazione forte, e quindi sono le forme K^0 e $\overline{K}^0$ del kaone a entrare in gioco. Il raggio, composto solo di K^0_L, le conterrà in parti uguali, e quindi una metà del raggio di K^0, inizialmente puro, risulta essersi convertito in $\overline{K}^0$. La presenza di questa componente è dimostrata dalla sua interazione con i nuclei, in quanto viene assorbita dai protoni nella reazione

$$\overline{K}^0 + p \rightarrow \Lambda + \pi^+.$$

Alla fine, il raggio sarà di nuovo riconvertito in puro K^0!

Ma la caratteristica veramente sorprendente dei kaoni non venne fuori che verso la metà degli anni sessanta, quando si scoprì che su qualche centinaio di eventi si verificava il decadimento di K^0_L in due soli pioni. Come abbiamo già detto, il K^0_L ha CP uguale a -1, mentre i due pioni hanno CP uguale a $+1$; quindi il verificarsi del decadimento del K^0_L in due pioni significa che la simmetria CP è violata (anche se solo leggermente).

Come abbiamo detto nel paragrafo 5.2, il teorema CPT stabilisce che deve essere rispettata la simmetria rispetto alle tre operazioni combinate C, P e T. Ma allora, se la CP è violata ci deve essere una violazione uguale e opposta di T, cioè della simmetria rispetto alle inversioni temporali. Non solo i mesoni K possono distinguere la destra dalla sinistra (violazione di P), ma anche il passato dal futuro!

Alcuni scienziati si sono interrogati sulle profonde implicazioni che le violazioni di C e CP avrebbero per la cosmologia. La violazione di T non potrebbe essere in qualche modo connessa all'esistenza, nell'universo, di una 'freccia del tempo' macroscopica? Inoltre la violazione della CP comporta la possibilità, in linea di principio, di distinguere tra materia e antimateria. Sotto ogni altro aspetto, una galassia sarebbe indistinguibile da un'antigalassia. Se la CP è violata, potrebbe significare che l'universo è asimmetrico tra materia e antimateria nello stesso modo in cui lo è tra passato e futuro. Potremmo essere allora in grado di spiegare in che modo la materia è stata creata nel corso del cosiddetto big bang.

Il tema della relazione tra fisica delle alte energie e cosmologia verrà ripreso nel paragrafo 6.6.

5.6 *Spin isotopico*

Considereremo ora un'altra simmetria, che ha un ruolo importante sia in fisica nucleare che in fisica delle particelle. Nel paragrafo 4.3 si era detto che la forza nucleare che agisce sui protoni e sui neutroni è praticamente la stessa. Inoltre la differenza di massa tra essi è solo lo 0,1 per cento circa del totale, né ci sono altre particelle la cui massa si avvicini alla loro. Insomma il neutrone e il protone formano una famiglia a sé. Perché allora sono considerate particelle differenti? L'ovvia risposta è che il protone è elettricamente carico, mentre il neutrone non lo è. Tuttavia, se è innegabile che ciò è causa di un diverso comportamento in presenza di interazioni elettromagnetiche, è pur vero che queste sono surclassate dall'interazione forte, alla quale sono soggette entrambe le particelle. Finché si ha a che fare con la loro identità di adroni, c'è poco da scegliere tra le due. Sotto questo aspetto, insomma, la carica conta come semplice etichetta.

I fisici preferiscono immaginare il neutrone e il protone come due stati di una stessa particella, chiamata «nucleone» e indicata col simbolo N. L'etichetta relativa alla carica distingue tra i due stati possibili, n e p. A prima vista tutto ciò puzza d'imbroglio, ma l'idea risulta giustificata a un esame più attento. Abbiamo detto nel paragrafo 2.7 che l'asse di spin di una particella con spin intrinseco 1/2 può essere orientato solo 'in su' o 'in giù'. Una particella libera dotata di spin ha quindi solo due possibili stati di spin. Il protone, ad esempio, è un minuscolo magnete, e se lo collochiamo in un campo magnetico tenderà a disporsi o in direzione N-S o in direzione S-N. L'energia magnetica, e quindi la massa, sarà diversa nei due stati.

Un protone in un campo magnetico può avere dunque due valori della massa leggermente differenti, a seconda del verso del suo spin. Naturalmente potremmo considerare questi due stati come particelle differenti, 'etichettate' dalla direzione dello spin. Questo procedimento è molto simile all'uso della carica come etichetta per distinguere protone e neutrone, uso per il quale è stato quindi coniato il termine «spin isotopico» (l'aggettivo «isotopico» deriva dal fatto che gli isotopi differiscono appunto per il contenuto di neutroni e protoni). Anche se ha caratteristiche formali simili a quelle dello spin ordinario, non si deve pensare che lo spin isotopico sia una qualche bizzarra proprietà meccanica. Non ha niente a che fare con lo spin ordinario: lo spazio nel quale lo spin isotopico assume una direzione è del tutto astratto.

Usando il concetto di spin isotopico possiamo descrivere altri raggruppamenti di particelle subatomiche. I tre pioni π^+, π^- e π^0 hanno masse quasi uguali e possono essere visti come un singolo pione il cui spin isotopico ha valore 1, e può puntare in tre direzioni (astratte), una per ogni pione. I due mesoni K, K^+, K^0, possono essere trattati come una coppia. Analogamente i tre iperoni sigma, Σ^+, Σ^-, Σ^0, formano un gruppo di tre.

Se fosse solo un modo di raggruppare le particelle, il concetto di spin isotopico avrebbe un interesse limitato. Il suo significato è però più profondo. Come abbiamo osservato, l'interazione elettromagnetica considera n e p differenti perché si accoppia alla carica elettrica. Ma nei processi adronici è l'interazione forte a dominare, e in tutti gli esperimenti eseguiti fino ad ora si è visto che questa non 'vede' la carica. Considera cioè il protone identico al neutrone, i tre pioni uguali tra loro, e così via.

Un modo originale per esprimere l'indipendenza delle interazioni forti dalla carica è di dire che sono «invarianti rispetto alle rotazioni nello spazio dello spin isotopico». Che cosa significa tutto ciò? Affermare che un sistema è invariante rispetto alle rotazioni nello spazio ordinario equivale a dire che le forze sono sempre le stesse, indipendentemente dall'orientazione del sistema medesimo. Analogamente, nel caso dello spin isotopico, l'interazione forte non distingue tra orientazione 'verso l'alto' (protone) e 'verso il basso' (neutrone). Ovviamente questo non è vero per la forza elettromagnetica, cioè l'elettromagnetismo distrugge l'isotropia (invarianza rispetto alle rotazioni) dello spazio dello spin isotopico nello stesso modo in cui un campo magnetico distrugge l'isotropia dello spazio ordinario e induce un divario di energia tra protoni con spin in direzioni diverse. Nel caso dello spin isotopico questo divario di energia si manifesta come una piccola differenza di massa tra neutrone e protone. Il fatto che questa differenza sia una frazione trascurabile della massa totale testimonia che la simmetria rotazionale nello spazio dello spin isotopico è violata solo leggermente.

Nel paragrafo 5.2 abbiamo stabilito un legame tra simmetrie e leggi di conservazione. Questa idea si estende alla simmetria rotazionale nello spazio dello spin isotopico e implica che, fino a che si ha a che fare con processi adronici, lo spin isotopico si conserva (proprio come lo spin ordinario si conserva a causa dell'invarianza dello spazio ordinario rispetto alle rotazioni). Consideriamo, per esempio, la produzione di iperoni nelle collisioni tra protoni

$$p + p \rightarrow p + \Lambda + K^+ .$$

Lo spin isotopico dei protoni e del kaone è 1/2, mentre quello della Λ è zero. Quindi ciascuno dei due lati della reazione ha spin isotopico 1, come richiesto dalla legge di conservazione.

L'invarianza rotazionale dell'interazione forte nello spazio dello spin isotopico permette di vedere certi processi adronici, precedentemente considerati distinti, come essenzialmente uno solo. Consideriamo per esempio l'interazione tra pioni e nucleoni, cioè il sistema $\pi + N$. Lo spin isotopico di π è 1, quello di N è 1/2, e si possono combinare per dare un totale di 3/2 o 1/2, a seconda che siano paralleli o antiparalleli nel loro spazio immaginario. Nello stato 3/2, la combinazione descrive $\pi^+ + p$ se tutti gli spin sono 'verso l'alto' e $\pi^- + n$ se sono 'verso il basso' (ci sono anche stati intermedi, che descrivono per esempio $\pi^+ + n$). Ma l'interazione forte non è in grado di 'leggere' l'orientazione dello spin isotopico e quindi, dato un valore dello spin isotopico totale del sistema (ad esempio 3/2), non può sapere la sua 'direzione'. Di conseguenza l'interazione forte tra π^+ e p è identica a quella tra π^- ed n.

Da questi esempi si vede come la legge di conservazione dello spin isotopico sia molto più forte di quella di conservazione della sola carica, che è contenuta nella prima. Raggruppando particelle con carica diversa in «multipletti», le cui componenti sono caratterizzate da comportamento simile come adroni, si ottiene una grande semplificazione nella descrizione dell'attività subatomica.

In fisica nucleare, inoltre, la legge di conservazione dello spin isotopico permette una migliore comprensione delle reazioni e dei livelli di energia. Vi sono molti casi di reazioni fortemente impedite perché cambiano lo spin isotopico del sistema. Per esempio, il nucleo N^{13} ha uno stato eccitato a 15,07 MeV che può decadere, per l'emissione di un protone, in C^{12} nello stato fondamentale. Tuttavia lo spin isotopico dello stato iniziale è 3/2, quello del protone 1/2, quello dello stato finale è zero. Perché il decadimento abbia luogo è dunque necessario che venga violata la conservazione dello spin isotopico. In effetti il decadimento si verifica, ma circa mille volte più lentamente di quanto non avverrebbe se non ci fosse la violazione.

Non ci sorprenderà il fatto che l'interazione debole, che non conserva né la stranezza né la parità, rompa anche la simmetria dello spin isotopico. Quando l'iperone strano Λ decade, lo fa per mezzo dell'interazione debole:

$$\Lambda \rightarrow p + \pi^- \quad \text{oppure} \quad n + \pi^0.$$

Lo spin isotopico iniziale è zero, ma quello degli stati finali non può esserlo in nessun caso.

Come abbiamo già detto, anche l'interazione elettromagnetica rompe la simmetria dello spin isotopico. Un buon esempio è il decadimento della η. Ricordiamo che questa particella è un adrone neutro, con stranezza nulla, che può decadere in adroni più leggeri:

$$\eta \rightarrow \pi^+ + \pi^- + \pi^0 \quad \text{oppure} \quad 3\pi^0$$

e quindi non si vede una ragione evidente per la quale non dovrebbe decadere, per interazione forte, in circa 10^{-23} s; invece ci mette circa 10^{-19} s. D'altra parte, il decadimento delle particelle strane per interazione debole impiega circa 10^{-10} s. Questi dati indicano che la forza responsabile deve avere intensità compresa tra quella dell'interazione debole e quella dell'interazione forte, il che fa pensare all'elettromagnetismo. Questa ipotesi è confermata dal fatto che i prodotti del decadimento possono essere anche raggi gamma, invece che pioni. Ma perché η non decade con reazione adronica? La conservazione della stranezza, che impedisce il decadimento forte delle particelle strane, non entra mai in gioco perché la stranezza della η è zero. La spiegazione ha a che fare con la conservazione dello spin isotopico. La η ha spin e spin isotopico nulli, ma tre pioni non possono combinare i loro stati in modo da conservare le proprietà di riflessione del sistema rispetto a C e P. Di conseguenza lo spin isotopico non si conserva, e la reazione non può avvenire per interazione forte. D'altra parte la forza elettromagnetica può violare questa legge di conservazione, ma la sua relativa debolezza fa sì che il decadimento sia molto più lento. Si noti dalla tabella 5.1 che anche l'iperone neutro Σ^0 può scegliere la strada elettromagnetica per decadere (si noti la brevità, per una particella strana, della sua vita media). Infatti per questa via si può trasformare in un iperone Λ che ha la sua stessa stranezza. Dunque in questo decadimento si ha ancora conservazione della stranezza, ma non dello spin isotopico.

Accettando il concetto di spin isotopico si introduce un piccolo elemento di chiarezza nello zoo subatomico. Alcune specie, apparentemente distinte, possono essere viste come varietà, solo superficialmente differenti, dello stesso animale. Se con qualche magia potessimo spegnere l'interazione elettromagnetica, le piccole differenze tra i membri di una stessa specie di spin isotopico scomparirebbero. Il neutrone e il protone, per esempio, diventerebbero indistinguibili, così come i mesoni K. C'è però da tener conto del fatto che, poiché anche l'interazione debole può 'vedere' la direzione dello spin isotopico, anch'essa causerà una differenza di massa tra i membri di uno stesso multipletto di spin isotopico (si tratterà comunque di uno scarto minimo, rispetto a quello dovuto all'interazione elettromagnetica). Infatti un attento confronto dei mesoni K^0_S e K^0_L rivela una lieve differenza di massa, di circa 10^{-11} MeV. (Naturalmente tra queste due particelle, che sono neutre, non c'è differenza di massa dovuta all'interazione elettromagnetica; si noti che invece la differenza tra K^0 e K^+ è di 4 MeV.) Si vede che le differenze di massa osservate sono del giusto ordine di grandezza, relativamente alle forze che le generano. Per esempio, la differenza di massa tra π^0 e π^+ è di 4,6 MeV, cioè circa il 3 per cento della massa a riposo. Le differenze percentuali per le particelle K, Ξ e Σ sono dello 0,8, 0,5 e 0,7 rispettivamente. Questi numeri sono nell'intorno di 1/137, come ci si può aspettare se le differenze hanno origine elettromagnetica. Il divario di origine debole di 10^{-11} MeV tra K_S^0 e K_L^0 è circa 10^{-14} volte la loro massa a riposo, tipica intensità di accoppiamento per le interazioni deboli. Se si spegnessero sia le interazioni elettromagnetiche che quelle deboli, le leggi della fisica avrebbero una nuova simmetria, cioè l'invarianza rispetto a rotazioni dello spin isotopico, e molte particelle altrimenti distinte si identificherebbero.

Non abbiamo ancora detto come possono, le interazioni elettromagnetiche e deboli, causare queste differenze di massa. Evidentemente ci deve essere qualche meccanismo interno in virtù del quale una particella agisce su se stessa per mezzo di queste forze. Esamineremo più a fondo questo aspetto nel prossimo capitolo; per ora ci limitiamo a osservare che le interazioni elettromagnetiche e deboli interne saranno ovviamente diverse se si considera una particella puntiforme o un oggetto con una struttura interna più complicata. Una teoria completa della struttura adronica dovrebbe permettere di calcolare le differenze di massa di origine elettromagnetica (e debole) tra i vari adroni.

5.7 *Simmetria unitaria*

Il concetto di spin isotopico permette di associare tra loro particelle che si consideravano distinte, e di vederle semplicemente come stati diversi di un medesimo oggetto. Così, il protone e il neutrone sono considerati due stati del nucleone. Questo è possibile a causa della simmetria associata alle rotazioni nello spazio astratto dello spin isotopico (dal punto di vista fisico, ciò significa che l'interazione forte conserva lo spin isotopico, e considera protoni e neutroni sullo stesso piano).

Il successo delle idee di stranezza e di spin isotopico fece sì che ci si domandasse se esistono simmetrie più elaborate, o 'elevate', che incorporino questi concetti, estendendo il numero di particelle che possono essere raggruppate in multipletti. Nel 1960 Murray Gell-Mann e Yuval Ne'eman proposero uno schema, chiamato «ottuplice via», per associare famiglie di adroni di otto o dieci membri. Per esempio, consideriamo gli otto barioni n, p, Σ^+, Σ^0, Σ^-, Λ, Ξ^0 e Ξ^-. Hanno tutti gli stessi valori di spin, parità e numero barionico, anche se differiscono per la stranezza. Le loro masse differiscono di poche centinaia di MeV, e le particelle con maggiore stranezza sono le più pesanti.

L'ottuplice via può essere rappresentata con il diagramma della figura

5.7. Ogni riga è caratterizzata da un valore della stranezza, e ogni colonna da un valore della proiezione dello spin isotopico (cioè della componente dello spin lungo l'asse 'su-giù'). Quindi la riga superiore rappresenta la coppia n, p, la riga di mezzo contiene la terna Σ^+, Σ^0, Σ^-, e l'ultima riga Ξ^- e Ξ^0. La Λ ha spin isotopico zero, e dunque sta al centro dello schema, nella stessa posizione della Σ^0, ma distinta da questa e dalle altre.

La riga superiore ha stranezza zero, la seconda -1, la terza -2. Le piccole differenze di massa lungo le righe sono causate presumibilmente dalla forza elettromagnetica, mentre le differenze lungo le colonne, più grandi, sono dovute all'interazione forte, che discrimina fra stati di diversa stranezza. Si noti che le linee oblique uniscono stati con la stessa carica elettrica.

Particolare curioso: secondo questo schema, la differenza tra protoni e neutroni, di cui sono fatti i solidi e durevoli atomi della materia che costituisce il nostro universo, e gli iperoni, che si disintegrano in circa 10^{-10} s, è essenzialmente una differenza di massa. Se la stranezza

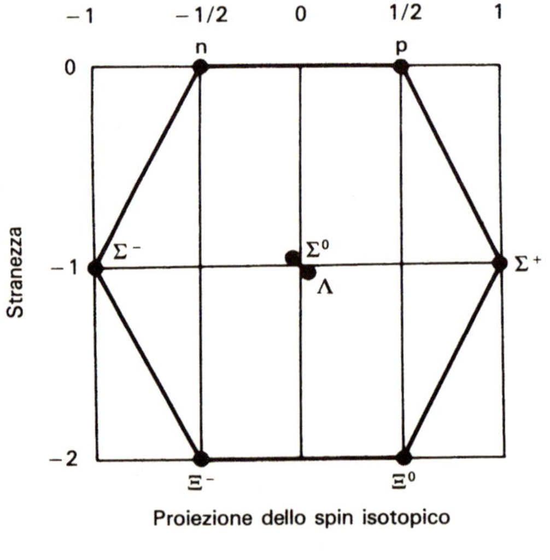

Figura 5.7
L'ottuplice via: il diagramma mostra la simmetria che unisce tra loro, come membri di un'unica famiglia, i barioni dell'ottetto.

avesse causato un abbassamento dei livelli di massa invece che un loro innalzamento, protoni e neutroni sarebbero creature effimere, e il mondo sarebbe costituito da iperoni Ξ.

Schemi analoghi possono essere pensati per altre particelle, per esempio i mesoni. I barioni con spin 3/2 possono essere raggruppati in una famiglia di dieci - un decupletto - con simili proprietà di simmetria. Altre particelle sembrano starsene da sole, come singoletti. Esaminando raggruppamenti di questo tipo Gell-Mann fu in grado di prevedere l'esistenza e le proprietà del mesone Ω^- diversi anni prima della sua scoperta: un'eloquente dimostrazione, questa, della potenza del concetto di simmetria nell'organizzazione del mondo microscopico.

Dal punto di vista matematico, la descrizione della simmetria rientra in una branca dell'algebra chiamata teoria dei gruppi, e una formulazione adeguata delle idee precedenti è possibile solo in tale ambito. Il gruppo di simmetria associato con lo spin isotopico è chiamato, per motivi tecnici, SU(2), mentre quello della simmetria estesa dell'ottuplice via è SU(3).

La scoperta della simmetria SU(3) degli adroni ha segnato una svolta nella fisica delle particelle, inaugurando un filone di ricerca teorica assai promettente. L'idea di fondo è molto semplice. Per un fisico, la composizione di gruppi di simmetria non è poi tanto diversa da una normale moltiplicazione tra numeri. E così, come il prodotto di numeri piccoli può dare numeri più grandi, moltiplicando simmetrie semplici se ne ottengono di più elaborate. Ad esempio, le forme regolari dei cristalli possono essere spiegate come combinazioni di simmetrie più semplici a livello atomico. Per analogia, nulla vieta di pensare che ci sia una qualche struttura 'atomica' dalla quale si possano costruire i singoletti, gli ottetti e i decupletti di barioni e mesoni. La lunga ricerca, cominciata nell'antica Grecia, dei 'mattoni' fondamentali della materia - le vere particelle elementari - sta forse per concludersi?

Capitolo 6

La via verso l'unificazione

All'inizio degli anni sessanta la fisica delle particelle aveva raggiunto uno stadio di complessità sconcertante. Oltre alle particelle strane era comparsa una nuova schiera di adroni dalla vita brevissima. Questi adroni sono creati e distrutti dall'interazione forte, quindi esistono solo per circa 10^{-23} s prima di decadere, un intervallo di tempo così piccolo che il principio di Heisenberg rende la loro massa fortemente indeterminata. Li si osserva solo come picchi nelle sezioni d'urto degli altri adroni, e sono essenzialmente risonanze delle onde quantistiche. All'inizio le nuove risonanze furono indicate con lettere dell'alfabeto greco, ma poi le scoperte si susseguirono così rapide e numerose che le lettere disponibili furono presto esaurite. Ormai sono state catalogate dozzine di questi adroni dalla vita breve.

Per qualche tempo sembrò che la proliferazione di entità subnucleari rendesse indefinito il concetto stesso di particella elementare, e cominciarono a venir proposte idee alternative. Supponiamo che le particelle elementari non esistano proprio. È possibile che ogni cosa sia in un certo senso costituita da tutte le altre? Il compito della fisica delle particelle è forse solo di catalogare frammenti di materia apparentemente senza significato, e non si può pretendere nulla di più?

Ugualmente insoddisfacente si presentava il quadro conoscitivo se ci si volgeva a considerare le forze che regolano l'attività e la struttura delle particelle. Certo, almeno la forza elettromagnetica aveva una descrizione teorica convincente. Il leggendario successo della QED teneva viva la speranza che, a un qualche livello, la natura fosse bene ordinata. Purtroppo, le altre forze della natura non erano affatto ben comprese. La teoria dell'interazione debole, dopo essere stata modificata per tenere conto della violazione della parità, dava previsioni ragionevoli riguardo a semplici processi a basse energie, ma soffriva di incongruenze matematiche che la rendevano priva di senso alle alte energie e per processi complicati. La teoria delle interazioni forti era in uno stato ancora peggiore. In effetti, l'interazione fra adroni sembra comportare tutto un intreccio di grande complessità tra forze e campi diversi. Si vide che il modello di Yukawa fondato sullo scambio di pioni, anche se descriveva efficacemente gli aspetti essenziali del legame nucleare, rappresentava solo una piccola parte di tutta l'attività adronica. Infine la gravitazione, che comunque è di solito considerata irrilevante per la fisica delle particelle a causa della sua bassissima intensità, soffriva dello stesso tipo di difficoltà matematiche della forza debole. Insomma, ciascuna delle quattro forze fondamentali richiedeva una sua particolare descrizione, e solo una di queste poteva essere considerata veramente valida.

Nel ventennio seguente fu compiuto un notevole progresso nel dipanare la matassa, grazie soprattutto a due idee nuove e ardite. La prima è la teoria dei quark per gli adroni, e la seconda il tentativo di costruire una descrizione unificata di tutte le forze. In questo capitolo daremo un'occhiata a ciascuno di questi sviluppi.

6.1 *I quark*

Nel capitolo 5 abbiamo visto come gli adroni possano essere raggruppati in famiglie di particelle aventi proprietà simili. Questo fatto suggerisce che gli adroni non siano affatto particelle elementari, ma oggetti composti, con una loro struttura interna. Nel 1963 Murray Gell-Mann e George Zweig proposero l'idea che gli adroni siano in realtà costituiti di particelle più piccole, che vennero chiamate «quark» (con riferimento a *Finnegans Wake* di James Joyce).[1]

[1] [Joyce: «*Three quarks for Muster Mark! / Sure he hasn't got much of a bark / And sure any he has it's all beside the mark. / But O, Wreneagle Almighty, wouldn't un be a sky of lark / To see that old buzzard whooping aboust for uns shirt in the dark / And he hunting round for uns speckled trousers around by Palmerstown Park?*» Spiega il fisico Harald Fritzsch: «In *Finnegans Wake* è descritta la biografia di un certo signor Finn (chiamato talvolta, come appunto in questo passo, Mark). I tre quark sono i suoi figli, che qualche volta lo sostituiscono. È evidente il parallelo con la fisica delle particelle. Il signor Finn, ovvero Mark, rappresenta il protone. In molti casi il protone si comporta come se consistesse di tre quark» (*Quark*, trad. it. Boringhieri, Torino 1983, p. 68).]

L'idea fondamentale della teoria dei quark è semplicissima. I quark si possono combinare in due modi distinti per formare adroni. Un primo modo è in gruppi di tre; un tripletto di quark costituisce un barione. L'altra combinazione possibile è quella di un quark e di un antiquark, che costituiscono un mesone.

È facile vedere come le varie combinazioni di quark riproducono le proprietà di barioni e mesoni. Consideriamo per esempio lo spin. Avendo supposto che i quark abbiano spin $1/2$, tre quark possono combinare in modo da dare uno spin totale di $3/2 (= 1/2 + 1/2 + 1/2)$ oppure di $1/2 (= 1/2 + 1/2 - 1/2)$. Il barione risultante sarà quindi un fermione. D'altra parte, la coppia quark-antiquark avrà spin $1/2 + 1/2 = 1$ oppure $1/2 - 1/2 = 0$, quindi i mesoni saranno bosoni. Perché tornino i conti per la carica elettrica, i quark devono avere carica frazionaria, $1/3$ oppure $2/3$ della quantità fondamentale e. Analogamente, tutti i quark devono avere numero barionico $1/3$. Inoltre, per rendere conto di tutti i barioni conosciuti, vi sono diverse varietà o «sapori» di quark. Nella teoria originale c'erano tre sapori, a cui erano stati dati i nomi, del tutto arbitrari, «su», «giù» e «strano» (o «laterale»), indicati rispettivamente con le lettere u (*up*), d (*down*) ed s (*strange*, ovvero *sideways*). Il quark u ha carica $2/3$, mentre d ed s hanno carica $-1/3$ ciascuno. Il quark s ha stranezza -1. Naturalmente i tre rispettivi antiquark hanno carica e stranezza opposte. La combinazione di quark necessaria per formare un particolare adrone può essere trovata facilmente quando si siano specificati lo spin, la carica, il numero barionico e la stranezza. Per esempio, il protone è composto di due quark u e di un quark d, che danno, in totale, spin $1/2$, carica $+1$, numero barionico $+1$ e stranezza 0. Con questo procedimento si può ricostruire tutto l'ottetto di barioni, che possono essere indicati con i simboli n = udd, Σ^+ = uus, Σ^0 = uds, Σ^- = dds, Ξ^0 = uss, Ξ^- = dss, Λ = uds. Analogamente si possono costruire i mesoni con coppie quark-antiquark. Per esempio, $\pi^+ = u\bar{d}$, $K^+ = u\bar{s}$ e così via. Procedendo in questo modo, tutti gli adroni noti prima del 1974 rientravano nello schema. Inoltre, cosa ancora più importante, non c'erano 'buchi', nel senso che ogni possibile combinazione corrispondeva a un adrone noto (fig. 6.1).

Supponendo che il quark strano sia considerevolmente più pesante degli altri due si ha una semplice spiegazione del perché gli adroni con maggiore stranezza hanno di regola una massa maggiore. Consideriamo per esempio il più pesante dei barioni con spin $1/2$, l'iperone Ω. La

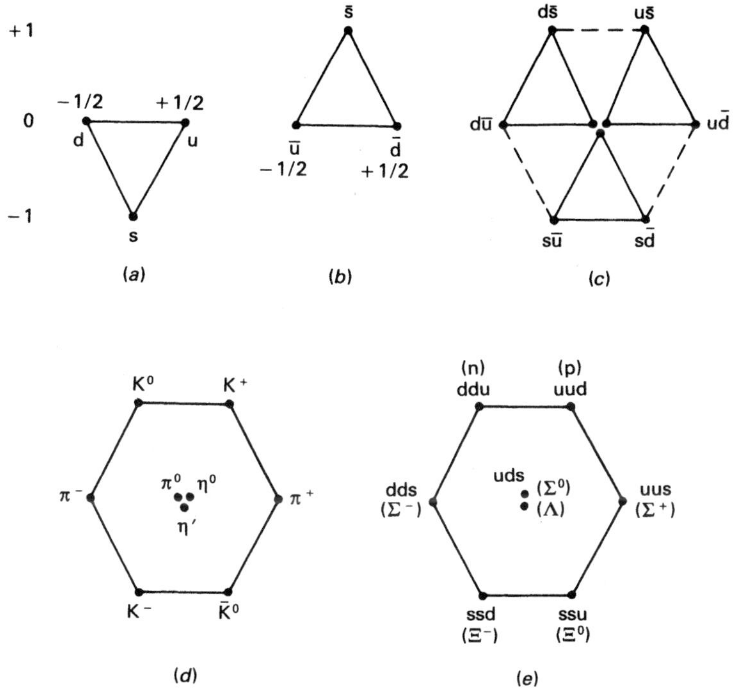

Figura 6.1
Simmetrie dei quark. (*a*) Il trio dei quark u, d, s può essere sistemato nei vertici di un triangolo in base alla stranezza e allo spin isotopico; lo schema è analogo al diagramma della figura 5.7, ma più semplice ed elementare. (*b*) Il triangolo formato dai tre antiquark può essere ottenuto per riflessione. (*c*) Il prodotto dei semplici gruppi di simmetria triangolari (*a*) e (*b*) dà un esagono, più complicato, del tipo di quello della fig. 5.7. (*d*) Questo nonetto (8 + 1) di mesoni corrisponde esattamente alle combinazioni di quark mostrate in (*c*). Quindi la particella strana K^+ è, in termini di quark, u$\bar{s}$, con una carica totale di $2/3 + 1/3 = +1$ e stranezza $+1$. (*e*) Un altro prodotto di gruppi dà luogo all'esagono di barioni della figura 5.7.

sua massa di 1672 MeV supera di ben 300 MeV quella dell'iperone immediatamente più leggero, la particella Ξ^-, che a sua volta supera di 124 MeV la Σ^-. In effetti, secondo lo schema dei quark, le Σ, le Ξ e le Ω contengono rispettivamente uno, due e tre quark s.

L'ipotesi che i quark siano tre viene naturale studiando il prodotto tra gruppi di simmetria. Per esempio, poiché un mesone è costituito da un quark e da un antiquark e ci sono tre tipi di quark, ci saranno nove (3×3) possibili combinazioni che danno luogo a un mesone. Quando si moltiplicano tra loro i gruppi di simmetria si ottengono gruppi più grandi, che però spesso si riducono alla somma di altri gruppi più piccoli. Così, per esempio, $3 \times 3 = 9 = 8 + 1$; risulta che le nove combinazioni si riducono a una famiglia di otto (ottetto) e a un mesone solitario (singoletto). Analogamente, ci sono $27 (= 3 \times 3 \times 3)$ possibili combinazioni che danno luogo a barioni, numero che si può decomporre come $1 + 8 + 8 + 10$, spiegando così la formazione di un singoletto, due ottetti e un decupletto. Queste combinazioni corrispondono esattamente alle famiglie di particelle che si osservano.

Lo schema dei quark ottenne un credito ancora maggiore quando ci si rese conto che certi valori della stranezza, dello spin isotopico ecc. sono esclusi, perché nessuna combinazione di quark può realizzarli. Tutte le ricerche volte a trovare adroni con questi valori proibiti dettero sempre risultati negativi. Inoltre, le combinazioni note di quark possono esistere anche in stati eccitati, che possono essere identificati con altri adroni conosciuti (le «risonanze»).

Dopo la prima versione della teoria si vide che era necessario introdurre tre nuovi sapori di quark, cui furono dati i nomi di *charm* ('incanto', 'fascino') indicato con la lettera c, *top* ('cima') indicato con t e *bottom* ('fondo'), indicato con b. Furono infatti scoperti nuovi adroni che non rientravano nello schema precedente, quantunque l'esistenza dei nuovi sapori fosse già stata prevista teoricamente.

La prova sperimentale dell'esistenza del charm giunse inaspettata nel 1974. Due gruppi di ricercatori, uno capeggiato da Samuel Ting del MIT e del Brookhaven National Laboratory, l'altro da Burton Richter dello Stanford Linear Acceleratore Center e del Lawrence Berkeley Laboratory, scoprirono indipendentemente un mesone con spin 1, non strano ed elettricamente neutro, con una massa enorme, addirittura il triplo di quella del protone (3097 MeV). Decade in pioni, muoni, elettroni e altre particelle familiari. Quello che è fuori dal comune per un adrone non strano è la sua vita media, qualcosa come mille volte troppo lunga (circa 10^{-20} s). Conosciuta col nome di «particella psi» (ψ), la sua curiosa longevità significa che si manifesta in esperimenti di collisione (per esempio l'annichilazione elettrone-positrone) come una risonanza strettissima nella sezione d'urto, così stretta che in precedenza era sfuggita all'osservazione.

I teorici avevano una spiegazione pronta. Semplicemente, il modello dei tre sapori di quark, così efficace nel descrivere gli adroni noti fino ad allora, non aveva spazio per la ψ. Era necessario considerare un nuovo quark, ancora più pesante: appunto il charm. Evidentemente la ψ è costituita da una coppia charm-anticharm, cioè $c\bar{c}$. Inoltre, la longevità della combinazione $c\bar{c}$ ha un precedente nel cosiddetto «mesone fi» (φ), costituito da una coppia di quark e antiquark strani, $s\bar{s}$. La φ ha una vita media circa dieci volte più lunga di quello che ci si potrebbe aspettare da un adrone che decade per interazione forte.

Seguirono diverse previsioni interessanti. Prima di tutto fu supposta l'esistenza di stati eccitati del $c\bar{c}$ simili a quelli di un atomo, o meglio del positronio (e^+e^-). Il corrispondente oggetto composto di quark fu quindi chiamato «charmonio». La ricerca di nuovi mesoni più pesanti prometteva di rivelare tutto uno spettro di nuovi stati. Inoltre, la ψ ha spin 1 e quindi c e $\bar{c}$ devono avere spin paralleli ($1/2 + 1/2 = 1$). Questo fatto suggerisce l'esistenza di una coppia analoga con spin antiparalleli, cioè di un mesone con spin zero ($1/2 - 1/2 = 0$), che a sua volta avrà il suo spettro di stati eccitati. Infine, ci si può aspettare che un quark c si combini in una coppia o in una terna con quark di altri sapori, costituendo quindi delle particelle 'incantate'. L'incanto totale della ψ è naturalmente zero, perché contiene sia c che $\bar{c}$, quindi si dice che contiene 'incanto nascosto'. Invece, le particelle incantate conterrebbero 'incanto nudo'.

Dieci giorni dopo la scoperta della ψ, il gruppo di Stanford trovò il primo stato eccitato, una particella chiamata ψ' con una massa di 3685 MeV. Fu quindi identificato un intero spettro di nuove particelle, in buon accordo con le previsioni del modello del charmonio.

Una replica di questo episodio si ebbe nel 1977 con la scoperta del mesone Υ, dato dalla combinazione $b\bar{b}$ e con una massa di 9460 MeV. La ricerca del quark top, atteso da lungo tempo per motivi teorici, fu coronata da successo nel 1984. I sei quark possono essere disposti come nella tabella 6.1, associati a coppie.

La prima conferma dell'esistenza dei quark venne da esperimenti eseguiti con l'acceleratore lineare di Stanford, nel quale gli elettroni sono accelerati lungo un tubo diritto lungo 3 km, invece che in uno con la più usuale forma ad anello. In questi esperimenti, elettroni dotati di grande energia venivano sparati attraverso i nucleoni, usando, in pratica, il fascio di elettroni come un potente microscopio elettronico per guardare dentro gli adroni. Essendo leptoni, gli elettroni non sono soggetti all'interazione forte (adronica), ma vengono deviati dalla distribuzione di carica all'interno delle particelle bersaglio. Alcuni teorici si aspettavano deviazioni piccole, come sarebbe stato se la carica fosse distribuita in tutto il nucleone. Invece le deviazioni osservate furono molto ampie, risultato che ci ricorda i primi esperimenti di Rutherford con i raggi alfa (pp. 42 sg.). Anche la conclusione è analoga: i nucleoni contengono particelle cariche pesanti e puntiformi che agiscono come centri di diffusione, facendo sì che gli elettroni rimbalzino ad angoli inaspettati.

La teoria dei quark è riuscita a spiegare un buon numero di fenomeni subnucleari. Fra l'altro, dà una descrizione convincente dei processi deboli negli adroni: l'interazione debole agisce sui quark in modo da cambiarne il sapore (che invece è conservato dall'interazione forte). Per esempio nel decadimento del neutrone, rappresentato nella figura 6.2*a*, un quark d viene cambiato in un quark u, e il neutrone diventa un protone:

$$\mathrm{udd} \rightarrow \mathrm{uud} + e^- + \bar{\nu}_e.$$

Il cambiamento di sapore spiega anche come mai mesoni quali i pioni possano decadere dando luogo a soli leptoni. Per esempio, π^+ è costituito da $u\bar{d}$, e il quark e l'antiquark non possono annichilarsi a vicenda perché hanno sapori differenti. Se però agisce l'interazione debole, questo ostacolo diventa irrilevante.

Si spiega facilmente anche la conservazione della stranezza nei processi forti e non in quelli deboli. L'interazione forte permette infatti che il quark s passi intatto da un adrone all'altro, mentre quella debole può farlo decadere in u o d. Quando vengono prodotte particelle strane nelle collisioni protone-pione, per esempio, i quark strani compaiono in coppie quark-antiquark $s\bar{s}$; s potrà andare a finire in una Σ^- e $\bar{s}$ in un K^+ (un'altra possibilità è quella descritta dalla fig. 6.2*c*). Quindi l'interazione debole attacca il quark s, trasformando la Σ^- in un neutrone (ddu). Nel kaone, poiché l'incompatibilità di sapore impedisce al quark u di annichilarsi con l'antiquark $\bar{s}$, sopraggiunge l'interazione debole a far sì che K^+ decada in leptoni.

La particella più strana di tutte è, in senso letterale, la Ω^-, che è costituita da tre quark s (stranezza totale -3). Non ci sono combina-

TABELLA 6.1*

	Leptoni		Quark	
Prima generazione	ν_e	0	u	$+\frac{2}{3}$
	e	-1	d	$-\frac{1}{3}$
Seconda generazione	ν_μ	0	c	$+\frac{2}{3}$
	μ	-1	s	$-\frac{1}{3}$
Terza generazione	ν_τ	0	t	$+\frac{2}{3}$
	τ	-1	b	$-\frac{1}{3}$

* Sia quark che leptoni possono essere associati a coppie. Tutta la materia ordinaria è costituita dalle particelle della prima generazione; per qualche misteriosa ragione, la natura ha prodotto almeno altre due generazioni.

La differenza più importante tra leptoni e quark è data dalla carica elettrica, qui data in multipli di *e*; la carica dei leptoni è intera, mentre quella dei quark è frazionaria. Nonostante ciò, le teorie unitarie associano tra loro leptoni e quark di generazioni corrispondenti.

zioni di adroni più leggeri nei quali tutti e tre i quark s si possano distribuire, e pertanto Ω^- può decadere solo lentamente per mezzo dell'interazione debole. Un possibile schema di decadimento è quello della figura 6.3. Questo comportamento è diverso da quello della particella chiamata Δ^{++} e costituita di tre quark u, che può frammentarsi in un protone (uud) e in un $\pi^+(u\bar{d})$ senza variazione globale di sapore (la combinazione $d\bar{d}$ è insapore). Il decadimento può dunque avvenire tramite l'interazione forte, e la Δ^{++} è una risonanza dalla vita breve.

Considerato il successo della teoria dei quark nello spiegare in modo particolareggiato le proprietà sistematiche degli adroni, sembrerà strano che non si sia riusciti a ottenere la più ovvia e decisiva delle possibili conferme della teoria, e cioè l'osservazione di un quark isolato. Se un oggetto è fatto di parti più piccole, di solito lo si può spezzare nelle sue componenti. È naturale pensare che, se gli adroni sono fatti di quark, questi possano venire isolati con un colpo bene assestato.

Ebbene, tutti i tentativi di spezzare gli adroni in quark sono falliti. In effetti, anche se si fanno collidere gli adroni a energie pari a molte volte la loro massa a riposo, tra i detriti non ci sono mai dei quark isolati. Invece, gli urti di adroni ad alta energia producono cascate di altri

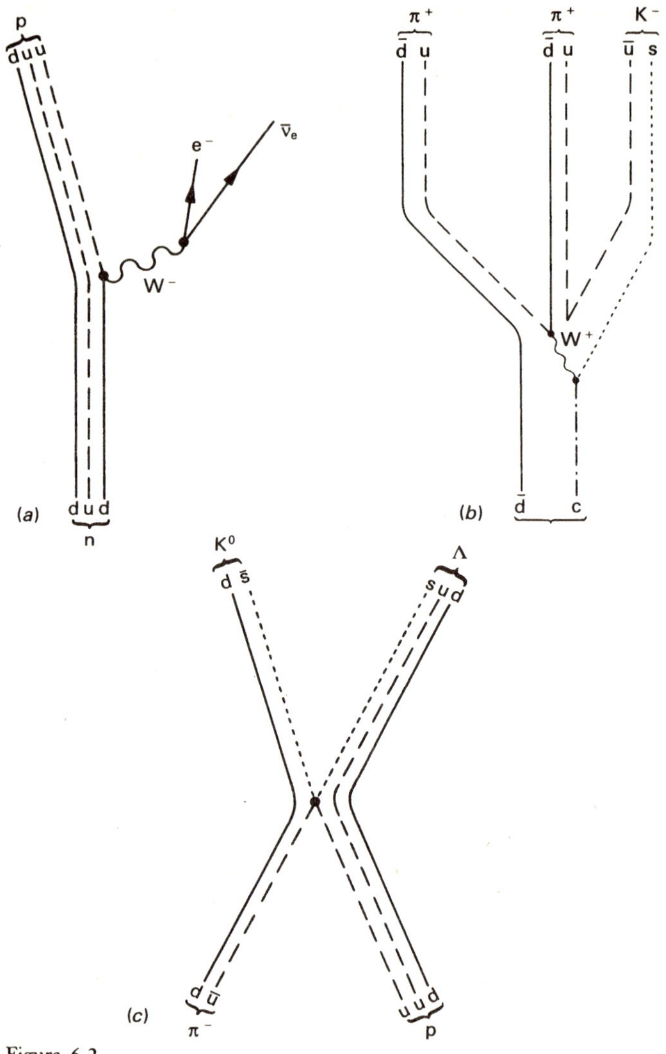

Figura 6.2
Formazione e decadimento di particelle. (*a*) Decadimento del neutrone: un quark d diventa u (cioè n → p) con emissione di una W^-, che decade poi in leptoni. (*b*) Decadimento di una particella incantata: l'interazione debole cambia un quark c in un quark s, che diventa parte del mesone strano K^-; il bosone W^+ che permette la trasmutazione genera quindi in una coppia $u\bar{d}$, che si divide tra due pioni. (*c*) $p + \pi^- \rightarrow K^0 + \Lambda$. Un quark u del protone si annichila con l'antiquark $\bar{u}$ del pione e si forma una coppia $s\bar{s}$, che si divide tra le due particelle strane K^0 e Λ.

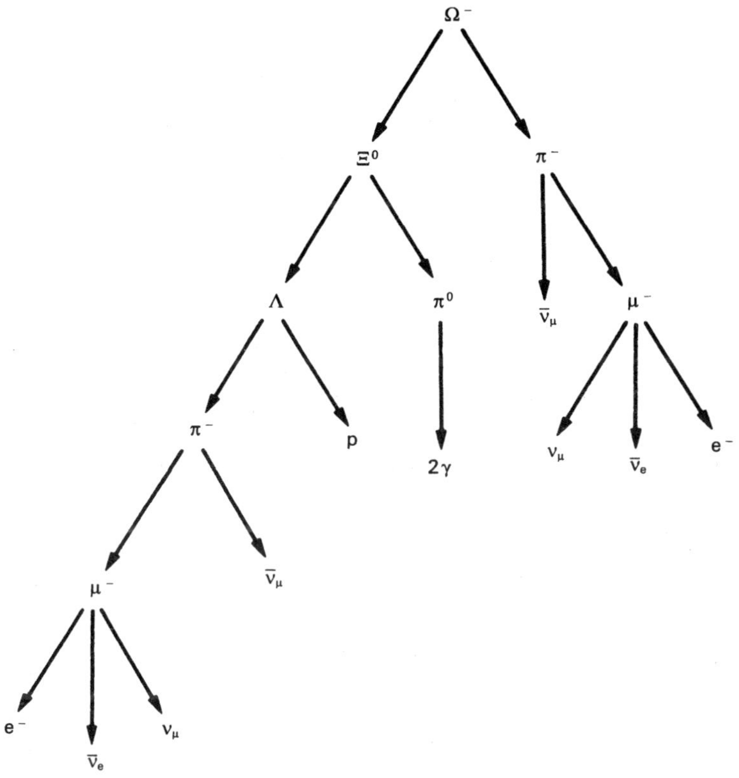

Figura 6.3
Il decadimento di Ω^-. Gli iperoni decadono secondo schemi complicati: nei cinque stadi di questa disintegrazione la massa-energia della particella si distribuisce tra un barione, otto leptoni e due fotoni. Sono possibili molti altri schemi di decadimento, che sono in competizione con questo attraverso le regole della probabilità quantistica.

adroni, sempre interi. Questa conferma dell'inesistenza di quark isolati ha condotto alla cosiddetta «ipotesi del confinamento», secondo cui tutti i quark sono appunto confinati per sempre negli adroni. Per spiegarne la ragione dobbiamo esaminare la natura della forza che lega i quark tra loro; questo è l'argomento del prossimo paragrafo.

6.2 *I gluoni*

Se i quark sono legati tra loro negli adroni, devono attrarsi con una forza estremamente intensa. Sorge dunque il problema della relazione tra questa forza e la cosiddetta interazione forte che, come abbiamo visto, agisce tra i nucleoni. L'interazione tra due nucleoni diventa allora una faccenda complicata, nella quale intervengono non due particelle ma sei. Le forze più intense sono quelle che si esercitano tra i quark all'interno di ciascun nucleone, ma la vicinanza di un altro nucleone disturberà in qualche modo la configurazione interna di queste forze, causando un'attrazione tra i due nucleoni. La situazione è simile a quella della forza elettromagnetica tra atomi, che fornisce il legame che permette la formazione di molecole: in questo caso le forze più intense sono quelle tra gli elettroni atomici e il nucleo, ma la vicinanza di un altro atomo può disturbare la configurazione degli elettroni, generando un legame relativamente debole tra gli atomi. La teoria di Yukawa delle forze nucleari, viste in termini di scambio di pioni, deve essere ora considerata un modello alquanto semplificato di quello che in effetti è un complesso scambio di quanti virtuali tra molte particelle.

Che cosa sappiamo della forza tra quark? Qualche informazione viene dallo studio di un sistema quark-antiquark relativamente semplice, qual è il charmonio. Altre informazioni si hanno dagli esperimenti di diffusione. Si osserva che un adrone, quando è colpito con energia relativamente bassa, risponde come un sistema unico, dimostrando un alto grado di rigidità, e che viceversa, nel caso di urti ad alta energia, i quark si comportano più o meno come particelle libere e indipendenti. Ma i proiettili dotati di grande energia esplorano il comportamento del bersaglio sulle piccole distanze, e quindi questi risultati suggeriscono che la forza tra quark sia relativamente debole alle piccole distanze, ma aumenti quando le particelle si allontanano.

Quest'idea, se è giusta, potrebbe spiegare perché i quark sono confinati in modo permanente. Una forza che aumenta con la distanza è come un elastico che non si rompe mai. Immaginiamo di prendere due quark in un mesone e di cominciare ad allontanarli. Per aumentare la distanza ci vuole un'energia sempre maggiore. A un certo punto, avremo fornito un'energia uguale alla massa a riposo di un nuovo adrone. Così, invece di avere un mesone che va in pezzi, vengono create coppie quark-antiquark, e il mesone di partenza genera un altro adrone. Questo spiegherebbe perché negli esperimenti di collisione si producono sempre nuovi adroni invece che quark isolati.

C'è un'altra importante informazione sperimentale sugli adroni che dà un indizio della natura dell'interazione tra quark. Abbiamo detto che la particella Ω^- è costituita da tre quark s. Esaminando i loro stati quantici ci si accorge di un apparente conflitto con il principio di esclusione di Pauli, che permette a un solo fermione di un dato tipo di occupare un certo stato. Questo fatto suggerisce che i tre quark appartengano a specie di particelle in qualche modo distinte; in altri termini, devono possedere un altro attributo o etichetta che serva a distinguerli. Fu quindi avanzata l'ipotesi che tutti i quark possano essere di tre varietà differenti o «colori»: rosso, giallo e blu.

A prima vista, la crescita del numero dei quark da sei a diciotto sembrerebbe comportare una crescita smodata e indesiderabile del numero totale delle loro possibili combinazioni, ma non è così. Al contrario dell'incanto o della stranezza, che possono manifestarsi in una particella composta, il colore è sempre strettamente nascosto all'osservazione diretta dalla condizione che gli adroni siano sempre 'incolori'. Perché ciò si verifichi, i tre quark di un barione sono ciascuno di un colore diverso: rosso + giallo + blu = bianco. In questo modo il principio di Pauli è soddisfatto perché i tre quark non sono veramente identici, ma hanno colore diverso. Le combinazioni incolori possono essere ottenute anche supponendo che un antiquark sia dotato di 'anticolore'. Così, i mesoni contengono un quark colorato e il corrispondente antiquark con il relativo anticolore. Non ha importanza quale sia il colore, anzi si può pensare che una coppia cambi in continuazione da rosso-antirosso a giallo-antigiallo e blu-antiblu. Poiché tutti gli adroni sono incolori, l'introduzione di questa nuova proprietà puramente interna non porta a un aumento del numero di combinazioni possibili: evidentemente, il mondo esterno agli adroni non 'vede' i colori.

Una conferma dell'ipotesi del colore viene dallo studio dell'annichilazione tra elettroni e positroni alle alte energie. Quando l'annichilazione ha luogo si produce un fotone gamma di grande energia, il quale molto probabilmente sarà solo virtuale e produrrà immediatamente una cascata di coppie particella-antiparticella. Per quanto riguarda i leptoni, che possono essere considerati puntiformi, l'elettrodinamica quantistica permette di prevedere accuratamente il numero di coppie prodotte (per esempio $\mu^+ + \mu^-$). Per quanto riguarda gli adroni, possiamo comunque supporre che prima di tutto siano creati dei quark puntiformi, e calcolare quanti di questi dovrebbero essere prodotti. Sarà quindi l'esperimento a dire se le nostre ipotesi erano giustificate. Facendo i calcoli, si trova che il rapporto tra il numero di quark e quello di muoni prodotti deve essere proporzionale alla somma dei quadrati delle cariche elettriche dei vari tipi di quark. Se ci sono tre quark otteniamo quindi $(-1/3)^2 + (-1/3)^2 + (2/3)^2 = 2/3$, il che significa che ogni tre eventi in cui sono prodotti muoni ce ne dovrebbero essere due in cui sono prodotti adroni (cioè quark).

Gli esperimenti compiuti all'inizio degli anni settanta avevano dato un rapporto di 2 invece che di 2/3, e per questa e altre ragioni i teorici avevano cominciato a domandarsi se il numero di quark ipotizzato fosse quello giusto. Anche tenendo conto del quarto quark, il charm, la discrepanza rimane grande. Tuttavia, introducendo il colore, il numero di differenti specie di quark va moltiplicato per tre. D'altra parte, le particelle che contengono il charm hanno una massa molto grande, e quindi questo quark deve essere ben più pesante degli altri. Ne segue che alle basse energie non vengono creati adroni 'incantati', sicché il rapporto tra la produzione di adroni e quella di muoni sarà $3 \times 2/3 = 2$, proprio come osservato. A energie più elevate, quando il charm comincia ad apparire, il valore del rapporto dovrebbe aumentare, e anche questo fatto viene confermato dagli esperimenti. Se la carica di c è 2/3, abbiamo tre quark colorati in più che danno un contributo di $3 \times (2/3)^2 = 4/3$, quindi il rapporto dovrebbe essere in totale di $3 + 1/3$. In effetti, gli esperimenti mostrano un aumento fino a circa 5 sopra i 4000 MeV, e questa è una prova a favore dell'esistenza anche dei quark top e bottom.

La teoria che descrive con successo tutti questi aspetti della forza tra quark è chiamata «cromodinamica quantistica» (QCD). È stata costruita sul modello della consolidata QED, e il suo nome suggerisce che si basa sul concetto di colore.

Nella QED c'è un solo tipo di carica elettrica (che naturalmente può essere positiva o negativa) e le interazioni elettromagnetiche sono mediate da un solo tipo di particella, il fotone. La teoria comporta forze elettrostatiche di attrazione e repulsione tra coppie di particelle. Nella QCD la situazione è più complicata. Alla forza tra quark, perché vi sia attrazione, devono partecipare tre particelle, ciascuna con una diversa 'carica' di colore. L'esistenza di queste tre cariche richiede una quantità di particelle messaggere per comunicare le interazioni e 'incollare' i quark tra loro. Di questi messaggeri, denominati «gluoni» (ingl. *glue*, 'colla'), ve ne sono di otto tipi differenti.

I gluoni sono bosoni con spin 1 privi di massa, proprio come i fotoni, ma differiscono da questi per un aspetto fondamentale. I fotoni trasmettono la forza elettromagnetica, ma non sono essi stessi carichi, quindi non interagiscono tra loro. Al contrario, i gluoni trasportano una 'carica di colore' di tipo misto, per esempio rosso-antigiallo. Quando un fotone migra da una particella carica a un'altra, l'identità di queste rimane inalterata; in particolare, le loro cariche rimangono uguali. Ma quando due quark si scambiano un gluone, cambiano colore. Per esempio un quark rosso può emettere un gluone rosso-antigiallo e diventare giallo. Secondo le regole della QCD questo gioco cromatico si svolge sempre in modo da rispettare la neutralità di colore dell'adrone. Dal punto di vista matematico, gli otto tipi di gluoni appartengono a una famiglia ben determinata: infatti la QCD viene formulata, come abbiamo già detto, in termini del gruppo SU(3).

Il fatto che sia i gluoni che i quark trasportino colore ha due conseguenze importanti. Primo, i gluoni interagiscono fortemente gli uni con gli altri, e ciò rende possibili combinazioni di soli gluoni chiamate «palle gluoniche». In secondo luogo, la natura dell'interazione forte tra quark ha una implicazione profonda. Nel paragrafo 4.2 abbiamo spiegato che la carica di un elettrone genera una polarizzazione del vuoto mediante l'attrazione dei positroni virtuali e la repulsione degli elettroni virtuali nello spazio che la circonda. Questo effetto fa sì che la carica venga schermata, sicché l'intensità effettiva della forza elettromagnetica a distanza ne risulta diminuita.

Anche intorno ai quark si hanno effetti di polarizzazione, solo che questa volta riguardano il colore invece della carica elettrica. La carica di colore di un quark tenderà ad attrarre antiquark virtuali del relativo anticolore. Ma nel vuoto saranno presenti anche gluoni virtuali, e poiché sono colorati parteciperanno anch'essi alla polarizzazione totale. L'effetto dei gluoni, tuttavia, è opposto: aumentano il colore effettivo del quark piuttosto che diminuirlo. Ne segue che il contributo dei gluoni vince quello dei quark, e il risultato netto è che la carica di colore effettiva, invece di diminuire, aumenta con la distanza.

Immaginiamoci un quark posto molto vicino al primo. Gran parte del vuoto polarizzato per colore si troverà più all'esterno, e quindi parte dell'effetto di 'antischermo' sarà evitato. La carica di colore effettiva è dunque più piccola a questa distanza, e i due quark interagiscono solo leggermente. A distanze maggiori la carica di colore effettiva cresce e la forza diventa sempre più intensa, impedendo ai quark di allontanarsi l'uno dall'altro. Si spera che tenendo conto di questo meccanismo la QCD sia in grado di spiegare il confinamento dei quark.

Prima di terminare questo paragrafo, è d'obbligo citare le ricerche che sono state svolte per cercare cariche frazionarie nella materia ordinaria, riprendendo gli esperimenti originali di Millikan con le goccioline d'olio (cfr. pp. 40 sg.) con vari miglioramenti tecnici moderni. William Fairbank dell'Università di Stanford sostiene di avere osservato cariche di 1/3 e 2/3, un risultato che potrebbe essere interpretato come un'indicazione dell'esistenza di quark liberi. Sfortunatamente taluni effetti elettrici possono dare l'illusione di cariche frazionarie, e al momento attuale si è abbastanza scettici riguardo alla possibilità che i risultati di Stanford rappresentino veramente una conferma dell'esistenza di particelle con carica frazionaria.

6.3 *Riconsiderando l'interazione debole*

Gli aspetti essenziali dell'interazione debole sono stati già esaminati in paragrafi precedenti. Si accoppia sia ai quark che ai leptoni, e ha un raggio molto piccolo a causa della grande massa a riposo dei quanti che la mediano. Di solito la sua intensità effettiva è inferiore di molti ordini di grandezza a quella della forza elettromagnetica, e può far sì che le particelle su cui agisce cambino identità, come nel decadimento del neutrone. A differenza delle interazioni forti ed elettromagnetiche, l'interazione debole viola la conservazione della parità.

La teoria originale di Fermi dell'interazione debole, e le sue più recenti estensioni, trattano la sorgente della forza come una 'carica debole' o, più precisamente, come una corrente debole (il moto della sorgente è importante). L'interazione tra due correnti, che ricorda la forza tra due correnti elettriche, è mediata da una particella W.

Per andare d'accordo con i risultati sperimentali la teoria deve tenere conto sia delle correnti leptoniche che di quelle adroniche (o di quark). Inoltre il vettore associato alla corrente deve contenere sia contributi di tipo polare che assiale: è l'interferenza tra queste due componenti che è responsabile della ben nota violazione della parità. Altro lavoro è poi necessario per spiegare le differenti velocità delle reazioni che conservano o no la stranezza.

La questione dell'intensità dell'interazione debole è alquanto complicata. Nel caso della QED c'è l'unità fondamentale e della carica elettrica, dalla quale si costruisce la quantità adimensionale $Ke^2/\hbar c \approx 1/137$ (la costante di struttura fine; cfr. § 4.1). Il significato di questa quantità è che la carica e è universale: se una particella cambia identità, la carica elettrica (o più in generale la corrente) si conserva comunque. In altri termini, l'universalità di e garantisce che l'intensità dell'accoppiamento al campo elettromagnetico è la stessa per tutte le particelle con carica unitaria.

Per l'interazione debole, l'universalità dell'intensità dell'accoppiamento non è subito evidente. I processi deboli adronici, in effetti, sono molto diversi dai processi deboli leptonici. I primi risultati sperimentali indicarono subito che l'intensità dell'accoppiamento è la stessa in tutti i processi puramente leptonici (un processo puramente leptonico è, per esempio, il decadimento del muone), ma nel caso degli adroni la situazione è sottilmente complicata dalla presenza delle interazioni forti e dalla molteplicità dei quark; tuttavia, quando si tenga debitamente conto di questi fattori, sembra che emerga un'unica intensità di accoppiamento debole comune a tutti gli adroni. Per di più si osserva che l'intensità di accoppiamento nel decadimento beta del neutrone, che è un processo adronico, è molto vicina a quella del puramente leptonico decadimento del muone. Questi fatti sembrano suggerire l'esistenza di una costante universale di accoppiamento debole per tutte le particelle. Nel 1958 Feynman e Gell-Mann formularono l'ipotesi che la componente polare della corrente debole sia sempre conservata (tuttavia, sembra che la componente assiale non lo sia).

Nella teoria originale di Fermi la quantità che svolgeva il ruolo di costante di accoppiamento debole differiva in modo fondamentale dal caso elettromagnetico perché non era una quantità adimensionale, ma aveva le dimensioni di una energia per un volume. In altri termini, l'intensità dell'accoppiamento dipende dall'energia delle particelle che prendono parte al processo, e ciò rende difficoltoso un confronto significativo con l'elettromagnetismo. Per avere una sorta di misura dell'intensità effettiva dell'accoppiamento debole abbiamo bisogno di una quantità adimensionale, cosa che può essere ottenuta fissando un valore, come la massa di una particella importante, a cui riferire la scala dell'energia; se prendiamo il protone, per esempio, otteniamo 10^{-6}. Come vedremo fra poco, nelle teorie più recenti dell'interazione debole esiste invece una quantità analoga all'intensità dell'accoppiamento elettromagnetico.

All'inizio degli anni settanta ci si cominciò a rendere conto che esiste un altro tipo di corrente debole. Nei processi di interazione debole che abbiamo considerato finora, particelle elettricamente cariche si trasformano in altre non cariche e viceversa. Una reazione tipica è

$$n + \nu_e \rightarrow p + e^-,$$

illustrata schematicamente nella figura 4.12. Qui un neutrone, elettricamente neutro, diventa un protone carico positivamente, e un neutrino, anch'esso neutro, diventa un elettrone carico negativamente. Questa proprietà dell'interazione debole è spiegata dal fatto che le particelle messaggere W^+ e W^- sono cariche, cosicché il trasferimento di una W avrà l'effetto di cambiare di una unità la carica della particella che emette e di quella che riceve. Quindi, in casi come questo, le cariche dei due leptoni della coppia (e^-, ν_e) differiranno sempre di una unità.

Se si produce un fascio di neutrini ad alta energia a partire da raggi di kaoni e pioni che decadono, e lo si fa passare attraverso parecchi metri di materiale per filtrare quello che rimane dei raggi primari, si possono studiare eventi neutrinici in una grande camera a bolle. Oltre ai soliti prevedibili processi deboli, se ne scorgono talvolta altri come i seguenti:

$$p + \nu_\mu \rightarrow p + \nu_\mu, \qquad p + \nu_e \rightarrow p + \nu_e.$$

In questi eventi non c'è alcun trasferimento di carica: i leptoni sono e rimangono neutri. Quel che accade è semplicemente la diffusione dei neutrini ad opera degli adroni. Si osservano anche simili diffusioni di neutrini da parte di leptoni. Si dice che questi eventi avvengono per mezzo di «correnti deboli neutre», così chiamate per distinguerle dalle correnti deboli elettricamente cariche di cui abbiamo detto in precedenza.

Come facciamo a spiegare le correnti deboli neutre in termini di scambio di particelle messaggere? Nella figura 6.4 è rappresentata la diffusione di elettroni e neutrini muonici. Evidentemente la particella messaggera è elettricamente neutra, e di solito è chiamata Z. La sua esistenza significherebbe che l'interazione debole richiede non due (W^+ e W^-),

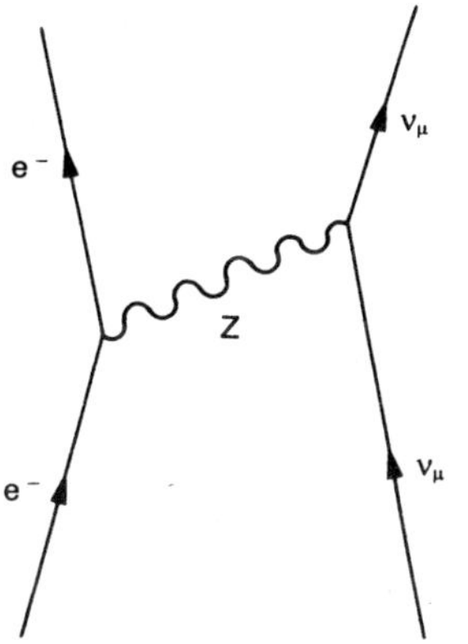

Figura 6.4
L'interazione debole tra elettroni e neutrini muonici ha luogo attraverso lo scambio della particella messaggera elettricamente neutra Z, che è una specie di fotone dotato di massa.

ma tre tipi distinti di particelle messaggere. La spiegazione di questi processi richiede insomma l'aggiunta di un'altra componente al novero delle correnti deboli.

Si sapeva da tempo che la teoria originale di Fermi, anche con le elaborazioni necessarie per tener conto delle più recenti acquisizioni sperimentali, poteva al massimo dare una descrizione limitata dei processi deboli. Un sintomo del male che affligge la teoria è che la costante di Fermi, che misura l'intensità della forza, dipende dall'energia. Maggiore è l'energia delle particelle che interagiscono, maggiore è l'intensità della forza. Estrapolando fino a energie intorno ai 300 GeV, la teoria diventa priva di senso, perché a taluni eventi assegna una probabilità di verificarsi maggiore di uno!

I primi tentativi seri di costruire una nuova teoria dell'interazione debole risalgono agli anni sessanta. Sheldon Glashow era rimasto colpito dall'analogia tra le particelle messaggere deboli ed elettromagnetiche (per esempio, ambedue hanno spin 1) e si prefisse un obiettivo: unificare le forze deboli ed elettromagnetiche in una sola teoria, cercando di far rientrare le W e il fotone in un unico schema matematico basato sul gruppo SU(2) (menzionato in § 5.7) e su un gruppo di simmetria più semplice, chiamato U(1), che rappresenta le simmetrie dell'elettromagnetismo. Egli dimostrò che una teoria del genere avrebbe richiesto l'esistenza di un compagno neutro delle W, cioè una particella Z, che in pratica sarebbe stata un fotone pesante.

L'ostacolo maggiore era dato dal fatto che la W e la Z, per spiegare il corto raggio dell'interazione debole, avrebbero dovuto avere una massa notevole, mentre il fotone è privo di massa. Questo rovinava la simmetria fondamentale sulla quale Glashow cercava di costruire la teoria.

Le simmetrie di cui si parla in questo caso non hanno un immediato significato geometrico. Sono simmetrie astratte di un tipo particolare, chiamate «simmetrie di gauge» (cioè di 'calibro'). Un semplice esempio di simmetria di gauge è dato dal sollevamento di un peso. Il lavoro svolto nel sollevare il peso da *A* a *B* dipende solo dalla differenza di altezza tra *A* e *B*, e non dall'altezza dei due punti in assoluto. Non ha alcuna importanza se si misura l'altezza a partire dal livello del terreno o da quello, per esempio, del mare. Quindi possiamo 'ricalibrare' il livello zero dell'altezza (cioè il potenziale gravitazionale) senza alterare in alcun modo la fisica del processo di sollevamento. In altri termini, il sistema è simmetrico per trasformazioni (di gauge) in altezza.

Un esempio simile lo si trova in elettrostatica. Il lavoro fatto nel trasportare una carica elettrica da un punto a un altro di un campo elettrico dipende solo dalla differenza di potenziale tra i due punti, non dal valore del potenziale. Possiamo sempre ricalibrare il potenziale elettrico, proprio come quello gravitazionale nell'esempio precedente, senza influenzare il processo fisico del trasporto.

Queste idee possono essere estese in modo da abbracciare simmetrie di gauge più potenti. Nel caso elettromagnetico, la cosiddetta simmetria di U(1) di cui abbiamo parlato prima comporta trasformazioni di gauge sia dei campi elettrici che di quelli magnetici. Lo studio matematico del problema mostra che questa simmetria è intimamente connessa al fatto che il fotone non ha massa, e proprio questo è il segreto del successo della QED. Nella teoria di Glashow, il fatto che W e Z abbiano una massa implica che la simmetria di gauge delle forze è rotta. Questa profonda disparità tra interazioni elettromagnetiche e deboli sembrò a prima vista affossare l'idea dell'unificazione. Tuttavia Steven Weinberg e Abdus Salam, l'uno indipendentemente dall'altro, trovarono un modo di aggirare la difficoltà. L'idea chiave è detta «rottura spontanea di simmetria», e funziona nel modo seguente.

Come abbiamo detto nel capitolo 5, in natura si dà spesso il caso di sistemi in cui la simmetria delle leggi fisiche soggiacenti è rotta nello stato che il sistema assume effettivamente. A pagina 133 abbiamo fatto l'esempio di un bastoncino che, cadendo al suolo, passa dalla posizione verticale a quella orizzontale, rompendo così la simmetria rotazionale del sistema.

La figura 6.5 mostra un esempio simile. Immaginiamo di avere, sulla cima di una superficie a forma di sombrero, una pallina. In questa posizione lo stato del sistema è evidentemente simmetrico rispetto a rotazioni intorno all'asse verticale che passa per la punta del 'cappello'. Inoltre la gravità è diretta verticalmente, quindi non ci sono direzioni orizzontali preferenziali: le forze che agiscono sul sistema sono insomma simmetriche per rotazioni. In questa configurazione, la posizione della pallina (cioè lo stato del sistema) riflette la simmetria sottogiacente delle forze che agiscono. Tuttavia questa situazione è evidentemente instabile: se la pallina viene lasciata andare, rotolerà giù da un lato della superficie e, dissipando la sua energia, si fermerà in un punto della 'tesa'. La configurazione raggiunta è stabile, ma la simmetria di rotazione è stata rotta. La posizione effettiva scelta dalla pallina non ha un particolare significato, è determinata solo dal caso. Eppure la pallina, scegliendo una particolare orientazione rispetto alla superficie, fa sì che lo stato del sistema non rifletta più la simmetria delle forze sottogiacenti. Questa rottura di simmetria, nella quale la simmetria è sempre presente nelle forze ma è mascherata dalla natura asimmetrica dello stato, è chiamata appunto «spontanea».

Weinberg e Salam ipotizzarono che le particelle W e Z acquistino massa per mezzo di una rottura spontanea della sottogiacente simmetria di gauge. In questo modo la cruciale simmetria delle forze sarebbe sempre presente. L'interazione debole sarebbe posta sullo stesso piano di quella elettromagnetica, e si potrebbe dare una descrizione 'unificata' delle due. Ma, nello stato quantico assunto effettivamente dal sistema, W e Z non rifletterebbero la simmetria di gauge a causa delle loro masse, anche se è possibile far sì che il fotone rispetti ancora la simmetria di gauge rimanendo senza massa.

Per ottenere questi risultati, Weinberg e Salam introdussero un ulteriore campo quantistico, chiamato «campo di Higgs» dal nome di Peter Higgs, il suo ideatore. I quanti del campo di Higgs sono bosoni con spin zero dotati di massa. L'accoppiamento tra campo di Higgs e campo elettromagnetico debole dà luogo a un'energia potenziale che ha proprio la forma a 'sombrero' della figura 6.5 (anche se questa superficie si trova in uno spazio astratto, non nello spazio reale come quella disegnata). Sotto l'influenza di questo accoppiamento il sistema ricerca lo

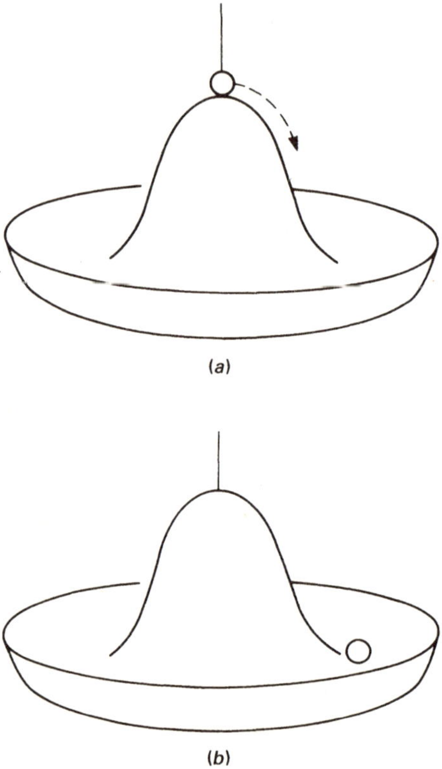

Figura 6.5
Rottura spontanea di simmetria. Lo schema delle forze che agiscono sulla pallina, vincolata alla superficie a forma di sombrero, è simmetrico per rotazioni intorno all'asse verticale. In (*a*) lo stato della pallina rispetta questa simmetria, ma è instabile. In (*b*) lo stato della pallina è stabile, ma la simmetria rispetto alle rotazioni è stata rotta. La simmetria delle forze rimane, come si vede dal fatto che la posizione della pallina sulla 'tesa' è arbitraria, ma non si manifesta più nello stato assunto dal sistema. Un'analoga rottura della simmetria di gauge spiega in che modo W e Z possono acquistare massa.

stato quantico di minore energia (pallina nella tesa), che corrisponde alla situazione in cui W e Z acquistano massa.

La teoria di Glashow-Salam-Weinberg spiega in modo soddisfacente il divario tra l'intensità effettiva dell'interazione debole alle basse energie e quella dell'interazione elettromagnetica. Essenzialmente l'intensità delle due forze è confrontabile e si può introdurre una « carica debole» (*weak charge*) g_w, analoga alla carica elettrica e, che dà luogo alla costante adimensionale di accoppiamento debole $g_w^2/\hbar c$, analoga alla costante di struttura fine $Ke^2/\hbar c$. Tuttavia, nei tipici processi deboli alle basse energie che sono descritti abbastanza bene dalla vecchia teoria di Fermi, interviene non g_w^2, ma il rapporto g_w^2/M_W, dove M_W è la massa della particella W. (Questa quantità, a parte un fattore numerico, è la costante di Fermi menzionata prima.) Poiché M_W è grande (circa 80 GeV), l'intensità effettiva dell'accoppiamento debole risulta fortemente diminuita.

Nella teoria, il rapporto e/g_w è un parametro libero, espresso di solito come un angolo θ_w attraverso la relazione $e = g_w \sin\theta_w$. Il valore di θ_w deve essere determinato sperimentalmente, e risulta essere circa 28°. In definitiva, θ_w fissa le effettive intensità relative delle due forze, come pure il rapporto tra le masse di W e Z attraverso la relazione $M_Z = M_W/\cos\theta_w$.

Una importante conferma teorica dell'ipotesi di Glashow-Salam-Weinberg fu la dimostrazione della scomparsa delle quantità infinite che disturbavano la vecchia teoria di Fermi e le sue estensioni. Anzi, alle alte energie l'andamento è del tutto soddisfacente: infatti, quando l'energia dei processi che si considerano aumenta, diminuisce la differenza tra la componente debole ed elettromagnetica, e a energie comparabili con M_W le due interazioni essenzialmente si identificano.

Per quanto riguarda la parte sperimentale, la teoria prevede che le violazioni della parità, così caratteristiche dell'interazione debole, si verifichino, seppur molto raramente, anche nei processi elettromagnetici, e questo effetto è stato osservato. Cosa più importante, nel 1983 e nel 1984 le particelle W e Z furono prodotte per la prima volta in collisioni protone-antiprotone ad alta energia al CERN. I valori delle loro masse risultarono in buon accordo con quelli teorici, calcolati in base al valore di θ_w, che è un parametro conosciuto.

Questi successi hanno generato la convinzione che le interazioni deboli ed elettromagnetiche siano veramente due aspetti di una forza elettrodebole unificata. (Tuttavia il parametro θ_w non è determinato dalla teoria, sicché la parola 'amalgamata' sarebbe forse più appropriata di 'unificata'.) L'elemento chiave del successo è stato l'aver introdotto le simmetrie di gauge; questo fatto ha incoraggiato lo studio matematico di svariate teorie di gauge, per cercare di descrivere in termini analoghi l'interazione forte e la gravitazione, e la loro possibile unificazione con la forza elettrodebole.

6.4 *Teorie unitarie*

Come abbiamo visto nel paragrafo 6.2, l'interazione forte può essere descritta in modo convincente mediante la QCD, che è una teoria di gauge basata sul gruppo SU(3). Verso la metà degli anni settanta furono fatti molti tentativi in direzione di una teoria più generale delle forze cha abbracciasse la forza elettrodebole e la QCD. Queste teorie unitarie, dette GUT (*grand unified theories*) muovono dall'ipotesi di un gruppo di gauge più grande, che dovrebbe contenere l'SU(3) della QCD e l'SU(2) e l'U(1) della teoria elettrodebole come sottogruppi. In questo tipo di schema, θ_w non è più un parametro libero, ma è determinato dal modo in cui il gruppo di gauge più grande si decompone nei sottogruppi richiesti.

Un aspetto comune a tutte le teorie GUT è che esse mischiano tra loro le identità delle sorgenti delle tre forze. Dunque i leptoni, che generano la forza elettrodebole, diventano associati ai quark che sono la sorgente dell'interazione forte. Un indizio di questa associazione viene dal fatto che quark e leptoni (almeno quelli attualmente conosciuti) sono in numero uguale e possono essere raggruppati in coppie simili (tab. 6.1).

Ancora una volta, alle basse energie le forze sono distinte, ma alle alte energie si fondono in un unico schema di interazioni. L'energia alla quale si ha l'identificazione può essere determinata dal fatto che la forza tra quark aumenta con la distanza (cfr. p. 176). A energie relativamente basse, quando i quark sono ben separati per effetto dell'indeterminazione quantistica, questa forza è molto più intensa di quella elettrodebole. A energie più alte i quark possono avvicinarsi e l'interazione forte diminuisce. Si può calcolare l'energia alla quale la forza tra quark si riduce ad avere la stessa intensità di quella elettrodebole. A questi livelli di energia ci aspetteremmo che l'unificazione fosse manifesta, dal momento che le tre forze avrebbero un'intensità comparabile fra loro. Il valore dell'energia per la quale si dovrebbe avere la grande unificazione è di circa 10^{15} GeV, cioè dieci alla tredicesima potenza volte maggiore dell'energia per la quale si ha l'unificazione elettrodebole, e molto al di là dei limiti entro i quali si possono effettuare prove sperimentali.

Per fortuna esistono previsioni delle GUT anche alle basse energie. Come abbiamo già osservato, la teoria mischia leptoni e quark. Alle energie per le quali si ha unificazione queste particelle, altrimenti ben distinte, dovrebbero fondersi in identità. Alle energie relativamente basse alle quali sono condotti gli esperimenti di fisica delle particelle il mescolamento di identità è piccolo, ma potrebbe essere osservato.

L'effetto più clamoroso del mescolamento di identità tra quark e leptoni è la previsione che i protoni sono instabili e possono decadere, per esempio come segue:

$$p \rightarrow e^+ + \pi^0.$$

In questo processo il quark d del protone diventa un positrone, mentre uno dei due quark u si trasforma nel relativo antiquark; quest'ultimo, insieme al rimanente quark u, costituisce il π^0. Si noti che il decadimento del protone viola sia la legge di conservazione del numero barionico che quella del numero leptonico (cfr. § 5.1).

Come al solito, queste trasmutazioni hanno luogo per effetto del trasferimento di quanti messaggeri, indicati collettivamente con il simbolo X. La massa della particella X è enorme (circa 10^{15} GeV) a causa del raggio cortissimo e dell'alta energia della scala di unificazione. Inoltre, le particelle X trasportano carica elettrica nelle quantità frazionarie 1/3 o 4/3.

La ricerca di eventi di decadimento del protone è una delle verifiche cruciali delle GUT. Sfortunatamente la vita media prevista del protone va da circa 10^{28} anni a una durata molto più lunga, a seconda di quale GUT si considera. Probabilmente, se la vita media del protone è molto maggiore di circa 10^{34} anni, non c'è speranza di osservare direttamente il decadimento, e quindi la mancata osservazione dell'evento metterebbe fuori gioco solo alcune delle GUT.

La tecnica usata in queste ricerche consiste nel controllare con opportune apparecchiature una grande massa di materiale, per vedere se sono emesse particelle. Il decadimento del protone è, come tutti gli eventi quantistici, un processo statistico; quindi una vita media di 10^{32} anni, per esempio, comporterebbe una probabilità ragionevole di osservare un evento all'anno in una massa contenente 10^{32} protoni.

Di esperimenti del genere ne sono stati fatti parecchi. Uno di questi, in una profonda miniera di sale sotto il lago Eerie (il luogo è stato scelto per minimizzare gli effetti della radiazione cosmica, che altrimenti nasconderebbe il processo che interessa) impiega un grande serbatoio colmo d'acqua nel quale è sospeso uno schieramento di fotomoltiplicatori. Una particella veloce carica, emessa nel decadimento del protone, genererebbe, nel passare attraverso l'acqua, un caratteristico impulso luminoso (noto come «radiazione Čerenkov»). L'esperimento si propone appunto di rivelare questa radiazione secondaria.

Sono stati più volte annunciati eventi che potevano far pensare al decadimento del protone, ma nessuno di essi ha ricevuto una conferma definitiva. Questo risultato negativo, anche se deludente, può comunque servire a escludere alcune delle GUT più semplici.

Un'altra possibile verifica delle GUT viene da un contesto ben differente. Nel capitolo 1 abbiamo detto che il magnetismo sembra essere prodotto solamente da correnti elettriche e che, a differenza di quanto avviene per l'elettricità, non sono mai state osservate sorgenti o 'cariche' magnetiche.

Nel 1930 Dirac studiò il modo in cui il concetto di carica magnetica poteva essere incorporato nella meccanica quantistica. Egli vide che se il monopolo magnetico esiste, la sua carica magnetica dev'essere in relazione semplice con l'unità fondamentale di carica elettrica; in breve dev'essere $em = \hbar$ o un suo multiplo intero. Questo curioso risultato implica, fra l'altro, che se esiste anche un solo monopolo magnetico nell'universo, il valore di e risulta fissato dappertutto, il che potrebbe spiegare perché la carica elettrica ha sempre valori che sono multipli interi di un'unità fondamentale.

Il lavoro di Dirac, tuttavia, non forniva indizi in merito alle altre proprietà che un monopolo magnetico dovrebbe avere (come la massa) e per anni i fisici sono stati inclini a supporre che si trattasse di una di quelle particelle che sarebbero permesse dalle leggi della natura, ma che poi la natura decide di non impiegare. Questo punto di vista è stato ribaltato con l'avvento delle GUT. Non solo in queste teorie c'è spazio per i monopoli magnetici, ma addirittura esse ne richiedono l'esistenza e permettono di prevederne le varie proprietà. Cosa ancora più significativa, le masse dei monopoli risultano comparabili con l'enorme massa di 10^{15} GeV dell'unificazione. Questo fatto spiega in modo convincente perché non vengono osservati negli esperimenti di collisione tra particelle. D'altra parte, l'energia necessaria potrebbe essere stata presente nel big bang che segnò la creazione dell'universo (cfr. § 6.6), e quindi è stata fatta una ricerca di eventuali monopoli residui di quell'evento.

Il passaggio di un monopolo può essere rivelato dagli effetti che ha sulla fisica della grande unificazione, per esempio catalizzando il decadimento di un protone. Dal momento che non si sono osservati eventi di questo tipo, abbiamo una conferma negativa a proposito dell'esistenza dei monopoli. D'altra parte la carica magnetica trasportata da un monopolo, secondo la formula di Dirac, lo candida ovviamente ad essere rivelato per via elettromagnetica.

Se si fa fluire una corrente elettrica in un anello di materiale superconduttore, il flusso magnetico attraverso l'anello risulta quantizzato, cioè assume solo valori discreti. Se un monopolo passasse attraverso l'anello, il flusso farebbe un salto di un certo numero di unità, a causa dell'induzione elettromagnetica. Il monopolo ha dunque una firma personalissima; lo sperimentatore non deve far altro che lasciare l'anello nello stato di superconduzione e sperare che un monopolo capiti per caso da quelle parti. Nonostante uno spettacolare falso allarme nel 1982, nessun monopolo è stato mai osservato in questo esperimento o in altri.

Dal punto di vista filosofico, le GUT hanno motivazioni stringenti. Una descrizione unificata delle interazioni forti ed elettrodeboli sarebbe più chiara e di portata più ampia. Sfortunatamente, le limitate verifiche sperimentali tentate finora sono sempre risultate negative. Può anche darsi che non saremo mai in grado di verificare le GUT: il fatto che la scala di energia alla quale si ha l'unificazione sia così grande potrebbe precludere per sempre la ricerca in questa branca della fisica. In tal caso le teorie rivali potrebbero essere confrontate solo sul piano del loro interesse filosofico.

6.5 *Superunificazione*

Anche se le GUT avessero successo, le forze della natura non sarebbero ancora del tutto unificate perché la gravitazione rimarrebbe fuori dallo schema. L'obiettivo più ambizioso è di riuscire, alla fine, a costruire una teoria completamente unificata nella quale le quattro forze si combinassero in una singola superforza. Molti fisici teorici ci sono cimentati in questo compito (fig. 6.6).

I primi tentativi di unificare la gravità con un'altra forza risalgono a poco dopo la pubblicazione dello scritto sulla teoria della relatività generale di Einstein. Theodor Kaluza, nel 1921, mostrò che scrivendo le equazioni di Einstein per il campo gravitazionale per uno spaziotempo di dimensione cinque (con l'aggiunta di una dimensione spaziale fittizia) e riferendole alle solite quattro dimensioni della nostra percezione, si ottengono le equazioni ordinarie di Einstein della gravitazione più un'ulteriore equazione, che è identica a quella di Maxwell del campo elettromagnetico. In altre parole, una singola forza gravitazionale pentadimensionale è equivalente alla gravitazione più l'elettromagnetismo in quattro dimensioni. Questo notevole risultato suggerisce che il nostro universo abbia veramente più di quattro dimensioni e che gravità ed elettromagnetismo siano componenti di una sola forza.

La teoria di Kaluza fu poi rielaborata da Klein, che trovò anche un motivo per cui noi non noteremmo la dimensione spaziale in più. Un

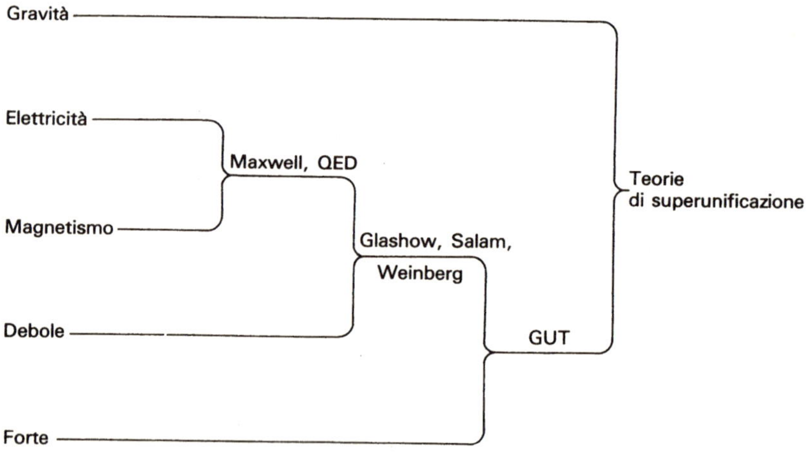

Figura 6.6
L'unificazione delle forze. Sulla base dei trascorsi storici si può ipotizzare che le varie descrizioni delle forze fondamentali confluiranno, fino ad arrivare, forse, alla superforza.

tubo di gomma, osservato da lontano (fig. 6.7), ci apparirebbe come una linea curva. Guardando più da vicino, scopriremmo che si tratta proprio di un tubo, e che quello che pensavamo fosse un punto della linea è in realtà una sezione circolare del tubo. Allo stesso modo, ragionò Klein, ogni punto dello spazio tridimensionale potrebbe essere, in una quinta dimensione 'arrotolata', una minuscola circonferenza. Se la circonferenza è piccola non noteremmo questa dimensione in più. In effetti, Klein riuscì a mettere in relazione la lunghezza della circonferenza con la costante gravitazionale di Newton e con l'unità di carica elettrica *e*. Trovò un valore di circa 10^{-33} m, che è più piccolo di molte potenze di dieci delle distanze che possiamo sondare nella fisica delle particelle.

Un motivo di interesse della teoria di Kaluza-Klein è che dà una concreta espressione geometrica alla simmetria di gauge astratta che è fondamentale nella QED. La simmetria di U(1) in questo caso diventa semplicemente la simmetria delle forze gravitazionali rispetto a rotazioni nelle circonferenze della quinta dimensione. La simmetria di gauge non deve quindi essere costruita in aggiunta alla teoria, ma segue automaticamente dalla simmetria dello spaziotempo pentadimensionale.

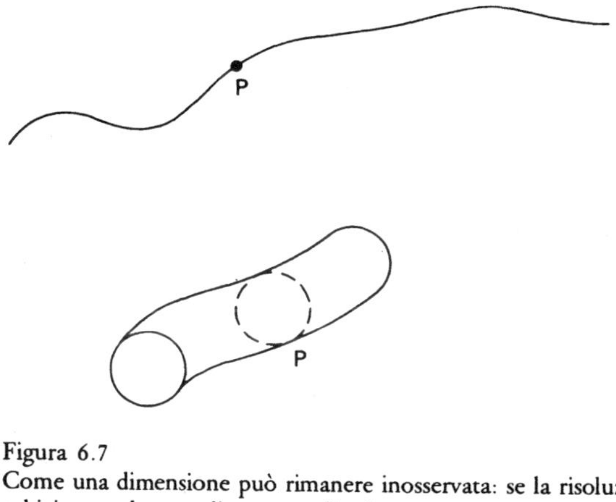

Figura 6.7
Come una dimensione può rimanere inosservata: se la risoluzione è bassa, un tubicino sembra una linea, e quello che pare un punto *P* è in realtà una sezione circolare del tubo. Nella teoria di Kaluza-Klein si postula che ogni punto dello spazio tridimensionale sia in realtà un circoletto avvolto in una quarta dimensione spaziale. Nelle versioni moderne della teoria ci sono fino a sette dimensioni in più.

La teoria di Kaluza-Klein è tornata in auge recentemente. Oggi si cerca di farvi rientrare anche le interazioni deboli e gravitazionali. Per far ciò sono necessarie non una, ma sette dimensioni in più, quindi in totale uno spaziotempo di dimensione undici. Le dimensioni addizionali sono ancora una volta 'compattificate', sono cioè così piccole da non essere percepite. Le simmetrie geometriche di queste dimensioni invisibili generano anche le simmetrie di gauge, dapprima considerate in ambito puramente astratto, nonché quelle delle interazioni deboli e forti (per esempio SU(3)).

Un'altra strada promettente verso la superunificazione si basa sul concetto di «supersimmetria». La classificazione ultima delle particelle è forse quella in termini di spin. Le particelle che hanno spin semintero, e tra queste tutti i quark e i leptoni, sono chiamate «fermioni», mentre le particelle senza spin o con spin intero come i fotoni, i gluoni, la W e la Z, appartengono alla classe dei «bosoni». Le proprietà di fermioni e bosoni sono molto differenti; per esempio, i fermioni obbediscono al principio di esclusione di Pauli, ma i bosoni no. La supersimmetria è un modo di descrivere bosoni e fermioni in uno schema matematico unificato. Si cerca cioè di raggruppare tutte le particelle conosciute in un'unica famiglia supersimmetrica. È significativo il fatto che tutte le particelle messaggere associate con le forze fondamentali siano bosoni, mentre tutte le particelle fondamentali di materia sono fermioni. Quindi la supersimmetria promette non solo di unificare le forze, ma anche le forze con la materia.

Sfortunatamente non è dato di trovare coppie supersimmetriche tra le particelle conosciute, e pertanto bisogna postulare l'esistenza di molte particelle nuove, non ancora osservate. Per esempio il gravitone, che è un bosone con spin 2, acquista un compagno supersimmetrico, chiamato «gravitino», che ha spin 3/2. Analogamente il fotone (spin 1) acquista un compagno fermionico, il «fotino», che ha spin 1/2. Ci sono poi il «wino», lo «zino» e il «gluino». Anche i fermioni, come quark e leptoni (spin 1/2), devono avere dei bosoni associati per supersimmetria («squark» e «sleptoni»).

La teoria supersimmetrica più sviluppata è quella della cosiddetta «supergravità». Gli altri tentativi di quantizzare la gravità si scontrano col solito problema degli infiniti, e d'altra parte vi sono elementi per ritenere che la supergravità produca solo risultati finiti. Quindi la teoria promette di dare una coerente descrizione quantistica della gravità e di unificare tutta la fisica in un colpo solo!

Ci sono più versioni della teoria summenzionata. La più ricca è quella chiamata «$N = 8$», che comporta otto operazioni di supersimmetria (ciascuna delle quali innalza lo spin di $1/2\hbar$). La formulazione matematica della supersimmetria $N = 8$ risulta più semplice in undici dimensioni che in quattro, e proprio questa è stata la motivazione per la resurrezione della teoria di Kaluza-Klein.

Un'idea più recente che ha a che fare con la supersimmetria è chiamata «teoria delle superstringhe», nella quale il concetto di particella è sostituito da quello di «stringa». Alle basse energie le stringhe si muovono praticamente come particelle, ma alle alte energie possono torcersi, offrendo così una scappatoia per evitare gli infiniti. Le stringhe abitano in un universo di dimensione dieci, e ancora una volta la teoria è chiamata a spiegare perché percepiamo solo quattro dimensioni.

La meta agognata dell'unificazione completa si intravede a malapena, e sicuramente verranno tentati molti altri approcci. Comunque, rimanendo sul piano generale delle dimensioni, osserviamo che le costanti G, $\hbar$ e c possono essere combinate in modo da ottenere unità di massa (energia), lunghezza e tempo, che risultano essere, rispettivamente, di circa 10^{19} GeV, 10^{-35} m e 10^{-43} s. Ci si può dunque aspettare che la superforza, se esiste, si manifesti su una scala spaziotemporale che è dieci alla ventesima potenza volte più piccola di quella della fisica nucleare. Ad energie di 10^{19} GeV tutt'e quattro le forze si identificherebbero in una sola. Quest'energia così enorme è superiore a quella della grande unificazione (cfr. § 6.4) di quattro sole potenze del dieci o giù di lì, e ciò fa sorgere una questione curiosa. Le interazioni debole ed elettromagnetica confluiscono in una sola a circa 10^2 GeV; perché c'è una distanza così gigantesca tra la prima confluenza di forze e le altre due? Vuol dire forse che c'è un corrispondente vuoto nella fisica veramente interessante, cioè che vi sono ricchezza e varietà fino a poche centinaia di GeV, e più ancora tra 10^{15} e 10^{19} GeV, ma nulla nel mezzo? Alcuni fisici hanno ipotizzato che sia proprio così, e si riferiscono al suddetto vuoto come al «deserto».

6.6 *Cosmologia*

Il fatto che gran parte della fisica che ci interessa si trovi al di là delle futuribili possibilità della tecnologia, a una distanza in energia che è di molte potenze del dieci, è il principale ostacolo alla verifica delle idee dei teorici. Fortunatamente, la natura stessa ci fornisce un laboratorio di alte energie già attrezzato. Nel big bang che dette origine all'universo potrebbero essere state prodotte energie fino a 10^{19} GeV, e si può sperare che certi processi, verificatisi per un brevissimo periodo all'alba della creazione, abbiano lasciato delle tracce fino ad oggi. La scoperta di queste tracce potrebbe essere l'unica speranza di verifica delle teorie dell'unificazione.

Nella teoria del big bang più diffusa si suppone che l'universo sia apparso improvvisamente, e che al momento iniziale fosse infinitamente caldo. Con l'espansione, l'universo si raffreddò rapidamente. Il calore di questa esplosione primeva può essere rivelato anche oggi, nella forma di un fondo di radiazione termica che riempie lo spazio alla tempertura di circa 3 K. La relazione fra temperatura e tempo è data dalla semplice formula

$$T = \frac{10^{10}}{t^{1/2}}\,\mathrm{K}$$

dove t è misurato in secondi. Quindi, quando l'universo era nato da un secondo, la temperatura era di 10^{10} K, corrispondente a un'energia alquanto superiore a quelle nucleari. Gli attuali acceleratori di particelle possono arrivare a circa 10^{3} GeV, che corrispondono a una temperatura di 10^{16} K. Possiamo dire quindi che queste macchine simulano la fisica dell'universo primevo a partire dall'età di 10^{-12} s in poi.

Da un modello teorico dell'attività nucleare che ebbe luogo nell'arco di tempo compreso tra 1 e 1000 secondi, i cosmologi hanno calcolato, per la composizione chimica dell'universo, un 25 per cento di elio (percentuale della massa totale) e un 75 per cento di idrogeno, con una rappresentanza sparuta di altri elementi. Queste cifre hanno trovato una conferma convincente nell'osservazione astronomica, e pertanto l'elio può essere considerato una traccia dei primi minuti del big bang.

Per arrivare alla fisica della superunificazione bisogna risalire fino a 10^{-43} s. A quell'epoca l'universo dovrebbe avere avuto una temperatura di 10^{32} K, e tutt'e quattro le forze fondamentali sarebbero state fuse in una sola superforza. Se lo spazio ha veramente delle dimensioni in più, a quell'epoca avrebbero dovuto essere sullo stesso piano delle tre che percepiamo. Quando l'universo si espanse e si raffreddò, le quattro forze si separarono una ad una, e le varie particelle assunsero identità distinte. C'è stata dunque un'evoluzione generale da un'origine in cui prevaleva la mancanza di differenziazione fino allo stato attuale, caratterizzato dalla presenza di strutture complesse.

Quando l'universo passò attraverso l'era della grande unificazione (10^{-35} s) le interazioni forte ed elettrodebole potrebbero essersi 'congelate' in domini distinti. L'intreccio avrebbe prodotto monopoli magnetici e forse altre strutture (stringhe e «pareti di dominio») che potrebbero avere avuto profondi effetti sulla successiva evoluzione dell'universo in quanto avrebbero esercitato intense forze gravitazionali. Alcuni monopoli potrebbero essere sopravvissuti, nel qual caso sarebbero osservabili oggi nel modo descritto nel paragrafo 6.4. Si avrebbe quindi una verifica diretta delle GUT.

Raffreddandosi ulteriormente, l'universo sarebbe via via disceso attraverso i vari stadi della fisica delle alte energie, fino a raggiungere, trascorsi all'incirca 10^{-12} s, la temperatura dell'unificazione elettrodebole. Dopodiché la materia cosmica sarebbe consistita in un minestrone di tutte le particelle fondamentali (quark, leptoni ecc.), le stesse che costituiscono l'universo attuale. Dopo circa 10^{-3} secondi i quark si sarebbero raggruppati in protoni e neutroni, preparando la scena per i processi nucleari che abbiamo menzionato prima.

Non solo i monopoli, ma tutte le particelle stabili prodotte nel big bang potrebbero essere sopravvissute fino ad oggi. Tra queste possiamo includere particelle ipotetiche come i gravitini e i fotini, oltre a quelle note come i neutrini. Queste particelle riempirebbero l'universo attuale, e la loro osservazione porterebbe una testimonianza diretta delle condizioni ai primissimi stadi. Sfortunatamente, la maggior parte di questi reperti archeologici interagisce così debolmente con la materia ordinaria che possono rimanere del tutto inosservati, salvo che per i loro effetti gravitazionali.

Curiosamente, è proprio quest'effetto che interessa ai cosmologi. Si sa da tempo che la maggior parte della massa dell'universo è inaccessibile all'osservazione. Gli astronomi ne possono osservare gli effetti gravitazionali, ma non vedono luce o altra radiazione provenire da essa. Evidentemente la massa delle stelle è solo una minuscola frazione del totale, anche se è la più facilmente osservabile. Ma allora di che cosa è fatta la più gran parte dell'universo?

Una possibilità è che la massa mancante sia data dalle particelle prodotte nel big bang e sopravvissute da allora. Prendiamo per esempio i neutrini. I calcoli indicano che dovrebbero essere rimasti 10^9 neutrini per ogni protone o neutrone dell'universo. Quindi il cosmo è davvero un mare di neutrini, punteggiato qua e là da materia ordinaria fatta di atomi. Come si era detto nel paragrafo 3.4, recenti esperimenti suggeriscono che i neutrini possano avere una massa a riposo di circa 30 eV. Data l'enorme abbondanza cosmica, anche con questa piccola massa il peso totale dei neutrini sarebbe molto superiore a quello di tutte le stelle, e potrebbe esercitare un'attrazione gravitazionale sufficiente a portare l'universo al collasso.

Fra gli altri candidati per la materia scura ci sono i fotini, i gravitini, e altre particelle ipotetiche dette «assioni» che sono associate con la rottura della simmetria destra-sinistra. La scelta tra i candidati dipende in una certa misura dalla loro 'temperatura', cioè dal fatto che la loro velocità sia relativistica o no. Ciò può influire sul modo in cui le galassie si raggruppano.

Uno dei grandi misteri della cosmologia concerne l'origine della materia. I fisici sanno da tempo che la materia può essere creata dall'energia. Anche se l'energia del big bang era sufficiente a creare tutto il materiale dell'universo, c'è un grosso ostacolo a questa semplice spiegazione, come abbiamo già spiegato nel paragrafo 3.5. In laboratorio la creazione di materia è sempre compensata dalla creazione di antimateria. Se la simmetria è una legge fondamentale ci dovremmo aspettare che l'universo contenga uguali quantità di materia ed antimateria, il che non va molto d'accordo con l'osservazione.

Nelle prime versioni della teoria del big bang, l'esistenza iniziale di materia senza antimateria era semplicemente postulata. Tuttavia, con l'avvento delle GUT, l'asimmetria può essere interpretata come una conseguenza dei processi fisici occorsi nell'era della grande unificazione (10^{-32} s circa). La chiave di questa spiegazione è la stessa asimmetria barionica che si manifesta nel decadimento del protone.

Immaginiamo il decadimento del protone in un atomo d'idrogeno (protone più elettrone): il protone decade in un positrone e in un pione neutro. Il pione decade a sua volta in due fotoni e il positrone si annichila con l'elettrone producendo altri due fotoni. L'atomo d'idrogeno scompare irradiando energia, senza che ci sia di mezzo l'antimateria. Dovrebbe quindi essere possibile anche il processo inverso, cioè la creazione di materia dall'energia senza creazione di antimateria. Calcoli dettagliati suggeriscono che, nella fornace primeva susseguente al big bang, questo processo sia effettivamente avvenuto, con frequenza tale da generare una leggera preponderanza della materia sull'antimateria. Ormai l'antimateria è andata tutta distrutta, lasciando un eccesso di materia, che è la sostanza di cui sono fatte le galassie.

È una situazione affascinante quella attuale, in cui la fisica del mondo microscopico si è fusa con la cosmologia in una singola disciplina. Le idee nuove in fisica delle alte energie vengono sempre più spesso verificate in un contesto cosmologico, e viceversa la cosmologia può essere utilizzata per porre dei vincoli alla fisica delle particelle. Per esempio, la possibilità che esistano più di tre specie di neutrini leggeri è probabilmente eliminata dal modo in cui il loro effetto gravitazionale sconvolgerebbe la produzione dell'elio primevo. Simili argomentazioni di natura cosmologica o astrofisica possono porre vincoli alle masse di particelle ipotetiche come gli assioni.

Il risultato forse più significativo dell'applicazione della fisica delle alte energie all'universo primordiale è il cosiddetto «universo inflazionario». Nel paragrafo 4.1 abbiamo detto che, secondo la teoria dei quanti, lo spazio vuoto brulica di attività complessa. Proprio come un atomo può essere eccitato ad un livello di energia superiore, così le GUT prevedono che anche il vuoto possa avere uno stato eccitato. Questo vuoto eccitato, o 'falso', apparirebbe identico a quello che per noi è il normale spazio vuoto, ma in realtà traboccherebbe di energia. Cosa ancora più significativa, vi sarebbe una pressione (o tensione) negativa. Ora, in relatività generale sia la pressione che l'energia sono sorgenti della gravitazione, e la pressione negativa darebbe luogo a un effetto gravitazionale repulsivo.

Alan Guth ha ipotizzato che l'universo si sia trovato nella condizione di falso vuoto all'epoca del GUT (dopo circa 10^{-35} s dal big bang) e che quindi, a causa del potente effetto repulsivo, sia andato incontro a un periodo di espansione con accelerazione esponenziale. Questa fuga esplosiva avrebbe prodotto quello che oggi chiamiamo il big bang. Il falso vuoto potrebbe (dopo circa 10^{-32} s) essere decaduto in uno 'vero', e l'energia del vuoto essere stata liberata in forma di particelle e calore. Oltre a rendere conto del big bang, la teoria inflazionaria fornisce un'elegante spiegazione per diversi quesiti cosmologici, come il motivo per cui materia e radiazione sono distribuite attraverso lo spazio così uniformemente su grande scala, e perché l'universo si espande proprio alla velocità che si osserva. Potrebbe anche spiegare perché i monopoli magnetici sembrano essere così rari: i monopoli prodotti prima dell'inflazione sarebbero stati ridotti, in seguito alla fortissima espansione, ad una densità insignificante. La fisica delle alte energie potrebbe quindi spiegare l'origine stessa dell'universo.

6.7 *Conclusioni*

> Nel libro infinito dei segreti della Natura
> Ben poco riesco a leggere.
>
> WILLIAM SHAKESPEARE

Lo stato attuale della fisica subatomica è come un giallo di cui siamo costretti a sospendere la lettura proprio quando l'intreccio comincia a diventare eccitante. Le informazioni disponibili sono sufficienti a stuzzicare l'appetito e a suggerire la trama di un disegno coerente, ma molte domande scottanti rimangono senza risposta, aree grigie devono essere ancora colorate e tasselli del rompicapo devono essere messi al loro posto.

I due risultati veramente fondamentali finora ottenuti sono: prima di tutto, il raggruppamento delle particelle in famiglie di multipletti, e la loro interpretazione stringente in termini di quark permanentemente confinati; secondo, i passi iniziali verso un'unificazione di tutte le forze della natura. In tutto questo discorso risulta evidente il legame profondo tra struttura della materia e forze che agiscono su di essa.

D'altra parte, il più vistoso insuccesso è la mancanza di una passabile teoria quantistica della gravità, o comunque di una reale comprensione del perché questa forza risulta essere separata così profondamente dalle altre per intensità e comportamento. Non solo la gravità è assurdamente debole, ma agisce per mezzo di un bosone con spin 2 invece che 1 come le altre forze (fotone, bosone W e gluoni). In effetti, proprio questa è la ragione per cui la gravità ha un'interpretazione geometrica (una particella con spin 1 non ha una struttura geometrica sufficiente a descrivere la curvatura).

Un altro limite è nell'incapacità della matematica di fornire i valori numerici che entrano nella teoria delle forze, a cominciare da quelli delle masse delle particelle. A parte il limitato successo nella previsione delle masse di W e Z per mezzo della teoria di gauge unificata, sembra che le masse delle particelle debbano essere inserite nella teoria 'a mano'!

Una teoria completa dovrebbe essere in grado di fornire non solo le differenze di massa all'interno di un multipletto, come quella tra neutrone e protone, ma i valori medesimi delle masse di tutte le particelle subatomiche. Questo vale soprattutto per i leptoni, che non sono invischiati con le interazioni forti. In particolare, sarebbe interessante sapere se ha un qualche significato il fatto che le masse del muone, del pione e del kaone sono quasi esattamente $(3/2) \times 137$, 2×137 e 7×137 volte più grandi della massa dell'elettrone, rispettivamente. C'è forse un qualche legame con la costante di struttura fine $1/137$? E comunque, da dove vien fuori questo numero universale?

Una teoria completa deve spiegare non solo l'intensità $Ke^2/\hbar c$ dell'accoppiamento elettromagnetico, ma anche perché le intensità delle altre forze sono così differenti. Ci piacerebbe anche sapere perché i possibili valori della carica delle particelle elementari sono così pochi. Perché, per esempio, non ci sono particelle con carica $9e$ o $52e$? E analogamente, riguardo alle altre etichette quantiche come la stranezza e l'incanto, ci si può domandare perché abbiano limiti di variazione così stretti.

Un altro grande mistero è quello delle leggi di conservazione. Perché alcune, come quelle dell'energia e del momento della quantità di moto, sono rispettate da tutte le forze mentre altre, come quella della stranezza, sono violate dall'interazione debole? Quante etichette 'invisibili', come il colore, sono necessarie per avere un sistema completo di leggi? Qual è il significato delle leggi di conservazione non dinamiche, che non possono cioè essere messe in relazione con simmetrie spaziotemporali?

Indipendentemente dai problemi teorici e sperimentali, ci sono profonde questioni filosofiche che riguardano la struttura della materia subatomica. Ripensando alle particelle descritte in questo libro, e ricordando che molte sono state omesse o menzionate solo di sfuggita, non si può fare a meno di chiedersi: ma a che cosa servono? Questa incredibile sovrabbondanza di specie fa pensare a una commedia con un gran numero di attori, nella quale però le parti veramente importanti si contino sulle dita di una mano. Sono necessarie le particelle in più?

Per quanto ne sappiamo, il mondo sarebbe praticamente lo stesso se esistessero solo i due quark (u, d) e i due leptoni (e, ν_e) più leggeri. Apparentemente, queste particelle formano tutta la materia ordinaria. Se i costituenti elementari fossero solo questi, il numero totale di particelle subatomiche sarebbe davvero esiguo; protoni, neutroni, elettroni e pochi altri. Non sembra esserci nessuna ragione ovvia per cui la natura debba aver bisogno delle altre due generazioni di quark e leptoni che si vedono nella tabella 6.1. Fino a che punto arriva questa profusione? Quanti altri quark e leptoni salteranno fuori? Forse un limite non esiste, e facendo esperimenti ad energie sempre più alte si troveranno coppie di quark e leptoni con masse sempre più grandi, presumibilmente caratterizzati da nuove etichette analoghe alla stranezza e all'incanto. O forse ne mancano ancora poche: quante bastano per rendere l'universo supersimmetrico.

Un motivo di questa sovrabbondanza potrebbe essere che la natura produce non solo quello che le serve, ma tutto quello che può produrre. Sappiamo di già, dalle reazioni e trasmutazioni discusse nel capitolo precedente, che ogni processo che può aver luogo ha luogo, a meno che non sia proibito da qualche legge. Forse tutto ciò vale anche per la produzione delle specie di particelle. Ma se è così, che ne è stato del monopolo magnetico, per non dire delle bizzarre, ma perfettamente possibili, particelle più veloci della luce dette «tachioni»? La loro rivelazione è impedita solo dall'inadeguatezza dell'apparato sperimentale?

Se la natura ha l'abitudine di sfornare particelle in eccesso, non si può dire che faccia altrettanto con le forze. Senza gravità non esisterebbero né galassie né stelle né pianeti. Senza elettromagnetismo non ci sarebbero calore, luce, atomi o chimica. Senza l'interazione forte non ci sarebbero nuclei atomici, il mondo sarebbe tutto costituito di idrogeno, e il Sole e le stelle non potrebbero bruciare. Insomma, se mancasse una sola di queste tre forze la vita sarebbe impossibile. La stessa interazione debole, anche se forse può essere vista semplicemente come una componente di un'interazione elettrodebole unificata, è probabilmente essenziale alla vita come la conosciamo noi, perché controlla le reazioni nucleari nel Sole ed è alla base del meccanismo per cui certe stelle, le cosiddette supernove, esplodono. Elementi come il carbonio, che sono fondamentali per la biologia, vengono sintetizzati all'interno delle stelle, e quindi dispersi nello spazio interstellare grazie a queste esplosioni; possono essere dunque incorporati nella materia che costituisce i pianeti, come la Terra, e infine negli organismi biologici.

Naturalmente, potrebbero sempre esistere altre forze che finora sono sfuggite alla nostra attenzione, come per esempio una forza che si accoppiasse molto debolmente alla materia ordinaria, oppure una che si accoppiasse solo a particelle sconosciute e inafferrabili. Certi esperimenti gravitazionali, si è detto, suggeriscono veramente l'esistenza di una quinta forza fondamentale. Sembra che le misure della costante gravitazionale *G* effettuate su corte distanze diano valori significativamente inferiori a quelli dedotti dalle misurazioni astronomiche; se questo fosse vero, vorrebbe dire che c'è una debole forza repulsiva che agisce su distanze dell'ordine dei 100 m. In un esperimento rimasto famoso, Roland von Eötvös aveva sottoposto a minuziosa verifica la congettura galileiana che tutti i corpi in caduta libera in un campo gravitazionale abbiano uguale accelerazione, congettura che a sua volta è un elemento fondamentale della teoria della relatività generale di Einstein. Un riesame di quei risultati mostrò che in realtà gli atomi leggeri cadono più velocemente di quelli pesanti, e ciò si spiega se si suppone che, oltre alla gravità, la Terra produca una debolissima forza repulsiva a corto raggio accoppiata al numero barionico (agente cioè sui nuclei ma non sugli elettroni). Quindi la forza netta dipenderebbe leggermente dalla composizione chimica delle sostanze usate nell'esperimento. L'esistenza di una quinta forza avrebbe sicuramente conseguenze importanti per il programma di unificazione. La particella messaggera associata ad una forza con un raggio di 200 m (il valore suggerito dall'esperimento) avrebbe una massa a riposo di circa 10^{-9} eV solamente, inferiore di molti ordini di grandezza a quella della particella più leggera che si conosca: l'elettrone. È ancora poco chiaro come potrebbe, una particella di massa così piccola, venir fuori da una teoria unificata. Per il momento, comunque, l'esistenza di una quinta forza rimane una pura congettura.

L'idea di fondo di tutte le indagini sulle forze considerate in questo libro è che rompendo la materia in pezzi sempre più piccoli alla fine dovrà emergere la vera struttura elementare. Fino a un certo punto i risultati hanno corrisposto alle aspettative. In primo luogo, lo studio delle molecole ha consentito una buona comprensione delle proprietà dei gas e dei solidi; quindi rompendo le molecole in atomi si sono chiarite le proprietà del legame chimico. Allontanando gli elettroni dagli atomi si è visto da dove proviene l'elettricità e come la luce può essere emessa ed assorbita, e spezzando il nucleo medesimo si sono scoperte forze totalmente nuove. Infine, l'interno dei nucleoni ha rivelato un livello di struttura ancora più elementare e l'esistenza di ulteriori forze.

Questo tipo di approccio alla fisica potrebbe essere chiamato 'analitico'. Tuttavia, nello studio della natura c'è un altro aspetto: quello sintetico. Non penseremmo certo di studiare come funziona un orologio facendolo a pezzi con un martello ed esaminando poi le singole rotelle separatamente! L'aspetto che distingue un orologio da un semplice mucchio di molle e ingranaggi è la sua organizzazione collettiva: un orologio è un meccanismo cooperativo. Allo stesso modo, non possiamo pensare di capire il funzionamento degli organismi viventi isolando il DNA. Sarebbe inutile cercare le leggi della biologia negli atomi di carbonio e di ossigeno. Sembra quasi che ci sia una specie di principio di indeterminazione che dice che non si può determinare simultaneamente come la materia funziona e di cosa è fatta. Il semplice fatto di esaminarne la struttura distrugge inevitabilmente la sua organizzazione. L'approccio analitico ci può quindi portare al massimo a metà strada.

In questo libro abbiamo detto molto poco delle proprietà sintetiche della materia. Abbiamo appena accennato al fatto che le proprietà dei gas sono deducibili dal comportamento collettivo di miliardi di molecole, e a come l'asimmetria temporale dei sistemi macroscopici si manifesta nella disintegrazione della loro organizzazione collettiva in processi a senso unico. Più che altro ci siamo concentrati nel sondare analiticamente recessi della materia sempre più piccoli e inaccessibili. Ma fino a che punto si può seguire questa strada? Non ci siamo forse già impantanati al livello dei quark, i quali non possono essere studiati separatamente nemmeno in linea di principio, e le cui proprietà si manifestano solo nel comportamento collettivo? E non potrebbe allora il nostro attuale livello di comprensione essere solo un'isola di semplicità, a metà strada tra la complessità macroscopica e quella submicroscopica? Se è così, dovremmo porci domande completamente diverse da quelle abituali riguardo all'organizzazione del mondo microscopico, e invece di interrogarci sui costituenti della materia, studiare forze e campi come un tutto integrato. Preoccupati come siamo della forma dei tasselli e di come possono adattarsi l'uno all'altro, potremmo infatti non vedere la figura d'insieme.

Nel secolo XVII l'uomo si trovò di fronte a un radicale mutamento di prospettive, nel momento in cui si rese conto di quanto la Terra fosse piccola e insignificante rispetto alla vastità dell'universo. In questo secolo abbiamo guardato in direzione opposta, nelle segrete profondità della materia, e abbiamo provato nuova meraviglia per quest'altra rivoluzione. La materia apparentemente solida dei nostri sensi ha ceduto la strada a un mondo immateriale di particelle effimere e alla mutevole complessità delle loro interazioni senza fine; un mondo nel quale strane leggi di conservazione combattono la casualità quantistica e riescono a impedire la discesa senza freni verso il caos e la distruzione.

Dei vari aspetti che emergono dal nostro studio del mondo microscopico, quello che senza dubbio incute maggiore riverenza è la straordinaria ingegnosità che la natura ci rivela. Molte delle scoperte descritte in questo libro sono il risultato di un'intensa attività intellettuale, portata avanti collettivamente da alcune delle menti più acute che il mondo abbia mai conosciuto. Alcune teorie hanno richiesto argomentazioni matematiche sottili e difficili, che avrebbero potuto essere facilmente trascurate anche da matematici di grande competenza. Eppure la natura è stata così intelligente da scoprirle; così intelligente da costruire multipletti dal gruppo di simmetria SU(3), da usare la simmetria di gauge più semplice e bella per costruire l'elettromagnetismo, e da trovare la scappatoia da un teorema matematico che avrebbe potuto impedire al bosone W di avere una massa. La matematica e la bellezza sono le fondamenta dell'universo. Nessuno che abbia studiato le forze fondamentali può mettere in dubbio che il mondo che ci circonda sia una manifestazione di qualcosa di molto, ma molto ben congegnato.

Indice analitico

I Grandi Pensatori

Albert Einstein e Leopold Infeld

L'evoluzione della fisica

Pubblicato in inglese alla vigilia della Seconda guerra mondiale e subito proposto in traduzione, *L'evoluzione della fisica* dovette aspettare la fine del conflitto per vedere la sua pubblicazione in Italia. Da allora (1948) questo testo non ha più smesso di rappresentare un punto di riferimento obbligato per il concetto stesso di divulgazione scientifica e per la fisica in particolare. Scritto dai protagonisti assoluti della rivoluzione della fisica relativistica e quantistica, ma destinato a un pubblico di non specialisti, il libro che avete tra le mani è il testo fondativo della moderna divulgazione delle idee, la pietra di paragone di ogni altro libro di fisica, che permette di intuire la straordinaria importanza e il valore rivoluzionario della svolta della fisica del Novecento.

Bollati Boringhieri

I Grandi Pensatori

Niels Bohr

I quanti e la vita

Unità della natura. Unità della conoscenza

Quando Albert Einstein, in uno dei più famosi aforismi della storia, sostenne che Dio non poteva giocare a dadi, di fatto si riferiva a Niels Bohr. Persino Einstein, tuttavia, non poteva non riconoscere l'assoluta grandezza del fisico danese. A Bohr si devono infatti alcune delle più importanti intuizioni della fisica di ogni tempo, a partire dalla struttura dell'atomo e terminando col «principio di complementarità», che ha modificato radicalmente il concetto stesso di legge fisica.
Uomo notoriamente involuto nei suoi lavori tecnici, Bohr si avventurò in alcune occasioni al di fuori del proprio territorio con interventi di ampio respiro, divulgativi, persino visionari. Si tratta dei testi raccolti in questo prezioso volume: una finestra aperta su una delle menti più raffinate di ogni tempo.

Bollati Boringhieri

I Grandi Pensatori

Freeman Dyson

Origini della vita

Come ha avuto origine la vita sulla Terra? È venuta prima la riproduzione cellulare per replicazione o il metabolismo? A queste domande fondamentali risponde Freeman Dyson, spirito inquieto, eccezionalmente colto, e lontanissimo dallo stereotipo dello scienziato chiuso nella propria torre d'avorio. Benché di formazione sia un fisico teorico, e fra i più brillanti, in questo saggio Dyson esamina e discute le principali teorie sull'origine della vita, spaziando tra i lavori di fisici, chimici, matematici e biologi, riuscendo a compendiare con estrema naturalezza Schrödinger e von Neumann, Margulis e Kimura. Si arriva così a elaborare un vero e proprio modello matematico, basato sulla teoria della «duplice origine» della vita, con il quale osservare il comportamento delle popolazioni molecolari nel momento cruciale della transizione, svelando paesaggi estremi e interessanti simmetrie nei territori di confine fra ordine e disordine, fra vita e non vita. Un libro avvincente, dalla scrittura cristallina, che non mancherà di affascinare tutti coloro che vogliano esplorare il mistero della vita.

Bollati Boringhieri

I Grandi Pensatori

Charles Seife

La scoperta dell'universo

I misteri del cosmo alla luce della teoria dell'innovazione

Con la sua capacità di rendere accessibile anche la scienza più all'avanguardia, Charles Seife ci spiega in che modo la teoria dell'informazione è diventata la scienza cruciale dei nostri tempi. Nata con la decifrazione del codice Enigma nella seconda guerra mondiale e cresciuta con la rivoluzione dei computer, oggi la teoria dell'informazione è all'avanguardia della fisica teorica. Non solo. Le leggi dell'informazione stanno incominciando a rivelare le risposte ad alcune delle più importanti domande della scienza e stanno dando ai fisici un modo per comprendere i misteri più oscuri sui quali l'umanità abbia mai riflettuto.

Bollati Boringhieri